微电网电压稳定性的混合技术

刘　斌　李　明　庞恭贺　著

科学出版社

北　京

内 容 简 介

由于能源危机和环境污染问题的加剧,新能源发电在电力系统中愈发重要。为解决新能源发电的随机性和间歇性,适应电力系统中各个发电单元的特性,需要对电力系统进行混合控制。本书总结了作者在微电网电压稳定性及混合控制方面取得的研究成果,为解决含新能源发电单元的微电网电压稳定性控制提供一定基础和思路。

本书可供从事电力系统稳定性及其控制等方面研究的科研人员阅读和参考,也可作为高等院校电气工程、电气工程及其自动化等相关专业高年级本科生和研究生的教材。

图书在版编目(CIP)数据

微电网电压稳定性的混合技术 / 刘斌,李明,庞恭贺著. —北京:科学出版社,2020.5

ISBN 978-7-03-062839-8

Ⅰ. ①微… Ⅱ. ①刘… ②李… ③庞… Ⅲ. ①电网–电压稳定–研究 Ⅳ. ①TM727

中国版本图书馆 CIP 数据核字(2019)第 240451 号

责任编辑:王 哲 / 责任校对:王萌萌
责任印制:吴兆东 / 封面设计:迷底书装

科 学 出 版 社 出版
北京东黄城根北街 16 号
邮政编码:100717
http://www.sciencep.com

北京中石油彩色印刷有限责任公司 印刷
科学出版社发行 各地新华书店经销
*

2020 年 5 月第 一 版 开本:720×1000 1/16
2020 年 5 月第一次印刷 印张:11 1/4
字数:220 000

定价:99.00 元
(如有印装质量问题,我社负责调换)

前　言

随着新能源技术的不断发展，新能源的应用越来越多，也引起了人们的广泛关注，尤其是在新能源发电方面的应用。新能源发电技术的不断发展，使得人们对局部电力系统提出了更高的要求，为实现电力系统能够兼容多种能量形式的目标，美国电力可靠性技术解决方案协会(Consortium for Electric Reliability Technology Solutions，CERTS)提出了微电网的基本概念。微电网是指由分布式电源、储能装置、能量转换装置、负荷、监控和保护装置等组成的小型发配电系统，该系统是可根据开发者制定的规则实现自我控制、自我管理的自治系统。微电网因混合结构、稳定性等特性给研究其电压稳定性等关键问题带来了困难。作者及其团队在国家自然科学基金项目(61673165)、湖南省自然科学基金项目(2015JJ2045)和湖南工业大学电气工程博士点申报基金项目(1003-3003001)等资助下，通过对微电网混合控制技术的研究，积累了一定的成果，成为了本书的基础。

本书共分为 7 章。

第 1 章主要是对微电网混合控制技术的综述，介绍了微电网的发展、分布式电网以及目前我国微电网发展存在的关键问题。

第 2 章介绍了微电网混合控制技术相关的预备知识，主要是对微电网混合控制技术相关理论及微电网稳定性相关理论进行了介绍。

第 3 章讨论了连续系统的事件触发混合控制的相关技术问题。首先是对动态系统基于事件触发的脉冲控制及其稳定性进行了分析，着重介绍基于事件触发的脉冲控制下的微电网混合控制技术；然后对直流微电网进行建模，利用设计的三层事件触发混合控制将直流微电网系统电压保持在安全阈值内动态运行。

第 4 章讨论了离散系统的事件触发混合控制的相关技术问题。首先是对动态系统基于事件触发的脉冲控制及其稳定性进行了分析，并介绍基于三层事件触发的微电网混合控制技术；然后对微电网不间断电源(Uninterruptible Power Supply，UPS)系统进行建模，并利用离散系统的事件触发脉冲控制的输入状态稳定性分析结果，对这类微电网电压的稳定控制进行了应用，保持公共耦合点(Public Connection Point，PCC)的电压平衡和控制 PCC 电压达到预设值。

第 5 章主要分析了微电网分层控制策略下的混合控制技术目前存在的问题。首先是对两层混合控制技术的微电网系统进行了讨论；其次是对分层混合控制技术的微电网系统性能优化技术进行了分析；最后讨论了混合控制系统理论的多分布式微电网暂态控制技术。

第 6 章主要是利用多智能体(mutil-agent)技术，对微电网系统混合控制技术问题进行了分析。首先介绍了混合控制的基于 MAS 微电网系统模型；其次对多智能体的微电网混合控制技术进行了分析；再次讨论了 MAS 的智能模式切换的配电网分级管理与控制技术；最后分析了多智能体的智能微电网级别混合控制。

第 7 章主要是对微电网混合控制技术的相关应用进行了分析与讨论。首先介绍了事件触发下的风力发电系统的稳定性控制，并对所搭建风力发电模型进行了实例仿真；之后讨论了局部阴影下基于事件触发的光伏阵列最大功率点跟踪的双模控制技术在微电网中的应用，并对事件触发的微电网电压控制技术进行了分析。

本书的出版得到了湖南工业大学张昌凡教授等老师和同学的帮助和支持，庞恭贺参与了第 1 章、第 3 章、第 5 章和第 7 章的编撰工作，李明参与了第 2 章、第 4～6 章的编撰工作，另外，许波、杨蒙、钟宇轩和童礼胜等同学参与了本书的校稿工作。书中除了作者与合作者的相关研究成果外，还参考和引用了相关研究者的研究成果，在每章的参考文献中均予以列出，在此向他们表示感谢。特别感谢论文合作者 David J.Hill 教授、窦春霞教授、Zhijic Sun 博士、Tao Liu 博士、李俊硕士。若有遗漏或引用不当，敬请批评指正。

由于作者水平有限，加之时间仓促，书中难免存在不妥之处，敬请广大读者批评指正。

作　者

2019 年 8 月

本书符号说明

符号	含义
$\mathbb{R}$	表示实数集
$\mathbb{C}$	表示复数集
$\mathbb{R}^n$	表示 n 维实向量空间
$\mathbb{R}_+$	表示非负实数集 $[0, +\infty)$
$\mathbb{R}^{m \times n}$	表示 $m \times n$ 阶实矩阵集
$\mathbb{N}$	表示自然数集 $\{0, 1, 2, \cdots\}$
$\mathbb{Z}$	表示整数集
$\boldsymbol{A}$	表示矩阵 $\boldsymbol{A}$
$\Delta \boldsymbol{A}$	表示矩阵 $\boldsymbol{A}$ 的改变量
$\|\boldsymbol{A}\|$	表示矩阵 $\boldsymbol{A}$ 的范数
$\boldsymbol{A}^{\mathrm{T}}$	表示矩阵 $\boldsymbol{A}$ 的转置
$\boldsymbol{A}^{-1}$	表示矩阵 $\boldsymbol{A}$ 的逆矩阵
$\forall$	逻辑量词，表示"任意"
$\exists$	逻辑量词，表示"存在"
$\stackrel{\text{def}}{=}$	定义符号，表示"定义为"，与"$\triangleq$"和"$=:$"同义
$p \Rightarrow q$	由 p 推出 q
$\oplus$	表示子空间的直和
$a \in A$	表示 a 是集合 A 的一个元素
$[a]$	表示 a 的最大整数部分
$\overline{\lim}$	表示上极限
$\underline{\lim}$	表示下极限
$\max$	表示最大值
$\min$	表示最小值
$\sup$	表示上确界
$\inf$	表示下确界
$\mathrm{diag}\{\cdots\}$	表示对角矩阵
$A \bigcup B$	表示集合 A 与集合 B 的并集
$A \bigcap B$	表示集合 A 与集合 B 的交集

$\displaystyle\prod_{i=1}^{n} a_i$　　　　　表示 $a_1 \times a_2 \times \cdots \times a_n$

$\displaystyle\sum_{i=1}^{n} a_i$　　　　　表示 $a_1 + a_2 + \cdots + a_n$

$\dfrac{\mathrm{d}V}{\mathrm{d}t}\big|_{(3\text{-}1)}$　　　　表示函数 V 沿式(3-1)的解的导数

$N[\boldsymbol{A}_k^{(1)}, \boldsymbol{A}_k^{(2)}]$　　表示 $\{\hat{\boldsymbol{A}}_k = (\hat{a}_{k_{ij}})_{n \times n} : a_{k_{ij}}^{(1)} \leqslant \hat{a}_{k_{ij}} \leqslant a_{k_{ij}}^{(2)}\}$

目　　录

第1章 绪 论

1.1 概 述

能源危机和环境污染的加剧，促使可再生能源发电装置的需求不断增加。可再生能源作为分布式发电（Distributed Generation，DG）电源具有以下特点：投资少、发电方式灵活、环境兼容性好等，还拥有传统能源无法比拟的可靠性与经济性[1]，因此可再生能源的应用也促进了微电网的发展。

微电网是由添加到公共电网中的微型发电机组所构成的配电系统。微型发电机组由分布式能源（Distributed Energy Resource，DER）组成，DER 具有随机性、波动性和间歇性等特点。DER 存在于配电网的各个级别、它们可以在并网或孤岛模式之间切换运行以及不确定性的负载，使得微电网面临一个严重的挑战——电压稳定性问题。若不对微电网电压进行合理的控制就将其大规模接入公共电网，那么会对公共电网的稳定性和可靠性等方面带来重大影响，甚至可能会导致整个电网受损或崩溃，这种情况不利于新能源发电技术的应用和推广[2]。与常规发电机不同，DER 发电时需要通过电力电子装置与公共电网进行并网或以孤岛模式运行，并且当为负载及公共电网提供稳定的电压及频率时需要新的控制策略。因此，提高微电网的稳定性是实现新能源发电向高效、清洁、智能化转变的基础。

1.2 微电网简介

1.2.1 微电网基本概述

可再生能源的开发、输电线路问题的加剧以及用电负荷快速的增长导致电力系统的规模持续扩大。因此，传统独立运行的发电能源设施正在向更加开放、互动和共享的新形势发展，由此促使多能互补网络成为现代能源系统深度融合的重要产物之一[3]。然而，随着各国对电力网络建设规模的不断加大，大型电网的缺点逐渐突出：运行成本高、损耗严重、不便管理以及难以应对突发情况，这与当今高质量生活和社会生产的多样化供电需求间的矛盾日益严重。

当前，电网规模与日俱增且结构愈发复杂，电网的稳定性会受到很大影响，尤其是近几十年来发生了众多大范围停电事件，例如，2003 年美国和加拿大大规模停电，停电期间约 5000 万人受到影响，约 63000MW 的负荷中断给当地生产生活带来了巨大影响。追溯其原因仅仅是由局部的细微事故引发了整个电网的解裂与崩溃，这不仅造成了重大的经济损失还给公共安全造成了危害，而且愈发地表明了当前公共电网的安全性能急需提高。一方面，经济的高速发展使得电网的负荷峰谷差在持续加大，公共电网对负荷跟踪变化的能力变差，需要更灵活的解决方案[4,5]。另一方面，洁净、可再生能源分布式发电拥有很多传统电源无法比拟的优势，使得供电方式更加灵活[6,7]。然而 DER 多为不可控的波动单元，DER 直接并网会给公共电网带来一系列的稳定性问题，因此微电网技术应运而生。

微电网(Micro-Grid，MG)也称微网，最早由美国电力可靠性技术解决方案协会(CERTS)提出，是指由 DER、储能装置、能量转换装置、负荷、监控和保护装置等组成的小型发配电系统[3]。相对于公共电网而言，微电网表现为一个单一可控的单元，可以通过多种能源形式实现对负载的高可靠供能[6]。微电网中的电源大多为容量较小的 DER，即含有电力电子接口的小型机组，例如，微型燃气汽轮机、燃料电池、小型风力发电机、光伏电池等，储能装置包括超级电容、飞轮及蓄电池等储能装置，且一般接在用户侧，具有成本低、低电压及污染低等特点[8-10]。

由 DER 组成的微电网的提出旨在实现灵活、高效的能源应用问题[11]，目的是解决数量庞大、形式多样的 DER 并网等方面的问题以及提高电力系统的稳定性。开发和延伸微电网能够充分促进 DER 与可再生能源的大规模接入，实现对负荷多种能源形式的高可靠供给，这是实现主动式配电网的一种有效方式，有助于促进传统电网逐渐向智能电网过渡。

微电网划分标准如表 1-1 所示，微电网主要应用如表 1-2 所示，配电网规划方式如表 1-3 所示。

表 1-1　微电网划分标准

运行方式	并网型、孤岛型
电网类型	交流微电网、直流微电网、交直混合微电网
电压等级	低压(400～1000V)、中压(1kV～35kV)、高压(35kV 以上)
规模划分	小型(电网容量)＜500kVA、中型(电网容量)500kVA～6MVA、大型(电网容量)＞6MVA

表 1-2　微电网主要应用

类型	民用微电网	工业、商业微电网	特殊保障性微电网	孤岛微电网
应用	住宅小区	高耗能企业	政府机关	偏远地区
	公寓	酒店	军事基地	山区
	别墅	商场	机场	海岛
	村庄	办公室	医院	\
	\	开发区生态城	信息服务中心	\
优点	根据用户自身情况，合理安排用电时间做到削峰填谷	保障用电平稳，避免大规模长时间断电，使企业利润最大化且保证环境效益	保证重要设备不间断供电	因地制宜利用当地资源，弥补公共电网不足

表 1-3　配电网规划方式

发展阶段	过去	现在	将来
规划方式	传统方法	分散式能量系统	微电网
发电方式	集中	分散	分散
电源形式	就地备用电源	较低、中等的分布式发电渗透率	较低、中等的分布式发电渗透率
负荷特性	无区别	基于电能质量需求和控制的负荷分级	
配电特性	有变电站供电的被动网络	半自主的网络	自主网络，具有双向能量交换能力
紧急状态管理	基于频率切负荷，机组强迫停运	切负荷，且分布式机组	孤岛自治运行，紧急状态能量分配管理

1.2.2　微电网基本结构

微电网的结构示意图如图 1-1 所示，微电源主要分为两种基本类型[11]：直流电源(如燃料电池，光伏电池和蓄电池等)和需整流的交流电源(如微型涡轮机)。在这两种情况下，产生的直流电压都是由电压源逆变器进行转换。直流 DG 接口的逆变器系统如图 1-2 所示，交流 DG 接口的逆变器系统如图 1-3 所示。

微电网中发电机的连接方式与公共电网的发电机连接方式有很大的区别，其中一个重要区别是 DG 接口逆变器系统的输出电压、电流和频率由变频器的控制策略决定，电压幅值由直流侧电容器和逆变器控制策略联合决定；另一个重要区别是 DG 接口逆变器系统的电容器存储能量远小于旋转轴的旋转存储能量，这意味着微电网需要存在少量惯性的存储设备，用于储存补偿能量。因此，选择合理的控制策略对于带逆变器接口的 DG 的正常运行具有重要意义。

根据微电网基本单元的连接方式将其分为三种结构：直流微电网(AC Micro-Grid，AC-MG)[13]、交流微电网(DC Micro-Grid，DC-MG)[14]以及交直流混合微电网(AC/DC Hybrid Micro-Grid，AC/DC HMG)[15]。

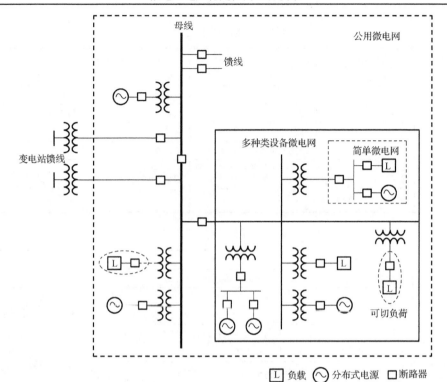

图 1-1 微电网的结构示意图[12]

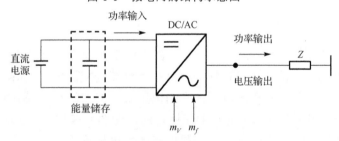

图 1-2 直流 DG 接口逆变器系统

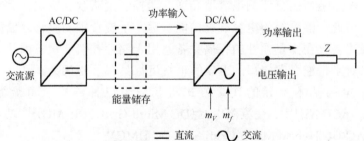

图 1-3 交流 DG 接口逆变器系统

1) 交流微电网

现阶段，交流微电网是微电网的主要形式，其框架结构都基本相同，大多采用辐射状网架，交流微电网的拓扑结构如图 1-4 所示。由图 1-4 可知，交流微电网系统中 DER（如光伏发电、风力发电和燃气汽轮机等）、储能装置等均通过电力电子装置变换连接到交流母线上，通过对公共耦合点（PCC）处开关的闭合和断开控制，实现微电网并网与孤岛运行模式间的切换，即当 PCC 与公共电网连接时，微电网处于并网运行模式，此时微电网的电压和频率由公共电网所决定；当 PCC 与公共电网断开时，微电网处于孤岛运行模式，此时的电压和频率由微电网自身特性所决定[13]。

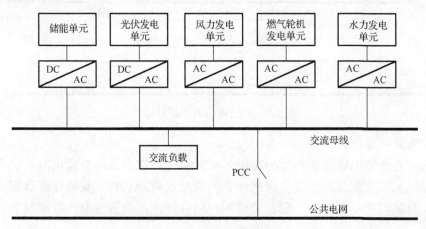

图 1-4　交流微电网的拓扑结构

交流微电网系统的每一个微电源都能够独立或同时为负载供电，这样的结构极大地提高了供电的灵活性。当负载需求功率较低时，可以选择某一种发电装置进行供电，而其他装置和储能装置可以处于休眠状态。当负载需求功率较高时，所有的 DER 以及储能装置同时为负载供电，以此来满足负载的需求。交流微电网的缺点在于，当各 DER 同时运行时，输出电压和频率必须同步变化，才能使得系统稳定运行。因此，相对直流微电网结构而言，交流微电网拓扑结构的运行方式更加复杂。

2) 直流微电网

直流微电网的拓扑结构如图 1-5 所示，直流微电网和交流微电网大同小异，只不过每个 DER 所提供的电能都被汇聚到同一条直流母线上，并且交流发电设备所产生的交流电也需要经过 AC/DC 整流后汇聚到直流母线上，当负载为交流负载时，则需要通过 DC/AC 逆变后提供电能，并且供电特性必须符合负载对电压和频率的要求，其中直流微电网中储能装置的作用是满足峰值负载要求。相对于交流微电网拓扑结构，该拓扑结构简单且不需要考虑各个 DER 的同步问题，只需要考虑对母线电压的控制及环流的抑制问题[14]。

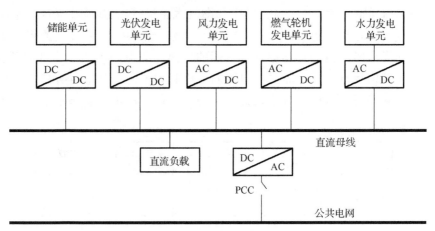

图 1-5   直流微电网的拓扑结构

3）交直流混合微电网

交直混合微电网的拓扑结构如图 1-6 所示[15]，交直流混合微电网系统中既有直流母线又有交流母线，交直流母线之间通过双向 AC/DC 互联变流器相连接，实现交直流间的能量交互。相比较前两种拓扑结构，交直流混合微电网具有如下

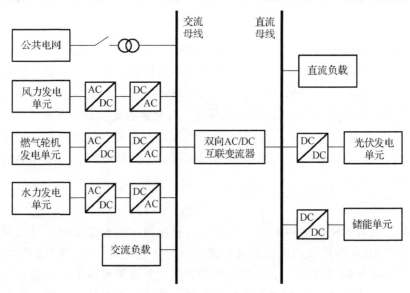

图 1-6   交直混合微电网的拓扑结构

优点[16]：交直流微电网之间可以互相提供功率支撑，从而提高了系统供电的可靠性；减少了电力电子的变换环节，简化了结构，降低了运行成本和损耗；增加了负载切除的灵活性和选择性，提高了重要负载的用电可靠性。由图 1-6 可知，交流子网一般包含风力发电单元、燃气轮机发电单元、水力发电单元等交流发电单元以及一些交流负载；直流子网一般包括光伏发电单元、储能单元以及直流负载（如 LED 灯、计算机、电动汽车等）。

1.2.3 微电网技术特征

微电网作为当前电力网络中的新技术，与传统电网技术相比具有明显的优越性：清洁、智能、自治、可靠、灵活和良好的交互[17]。

微电网的清洁性：微电网中 DER 主要为可再生能源，其中以清洁能源为主，而且微电网可以对接多种可再生发电方式。微电网系统内部能够实现电源和负荷一体化运行，对可再生能源发电而言也能够实现并网消纳，提高整个微电网系统的利用率，这样对于分布式发电而言也具有长远意义。

微电网的智能性：在微电网中引入智能化技术，并利用智能化设备辅助实现微电网的相关功能。其中智能化设备主要包括计算机软件、能量管理系统(Energy Management System，EMS)、大量的智能电子设备和高级储能装置等，另外还在系统中引进了智能通信技术以及网络技术等智能化技术。

微电网的自治性：微电网系统作为一种新型自治的发供电系统，与传统的供电网络系统相比，具有独特性、复杂性等特点，不仅能够和公共电网进行对接以及并网运行辅助供电，还能够作为独立电网自治运行，最终实现微电网内的电量自我平衡。

微电网的可靠性：微电网综合利用各个模块，充分利用储能单元、通信模块以及控制系统的优点，最终能够实现该系统在稳态和暂态过程中功率平衡和电压/频率稳定，实现微电网良好的自治性，也可以在公共电网故障时继续供电，极大地提高了微电网供电的可靠性。微电网的控制系统也越来越完善，不仅能够实现谐波、无功功率的管理，以及有效改善电能质量，还提高了电网的抗灾害打击能力。

微电网的灵活性：微电网在和 DER 对接的过程中，能够根据运行状况来进行DER 的连接与断开，这种运行机制提高了 DER 的效率。同时在微电网运行中，系统会根据实际需求进行运行方式的选择，可以灵活地调整运行方式，保证不同DER 和不同储能装置之间的协调运行，实现整个微电网的全方位灵活调度，提高其运行效率。微电网作为单一受控单元不仅可以实现"即插即用",还可根据用户需求灵活定价,提供不同级别的电能质量。

微电网的交互性:微电网作为智能网络的典型代表之一,具有良好的交互性,能够很好地实现微电网和用户之间的交互。用户通过控制系统能够参与到微电网的管理中,并且微电网可以通过用户提供的控制信息对整个系统进行动态调整,以保证科学供电,优化 DER 的合理配置,降低不必要的电能消耗,提高整个微电网的运行效率。

1.2.4　微电网基本运行方式

根据微电网的基本概念、基本特征,微电网的运行模式可以分为以下几种类型:与公共电网互联的并网模式、脱离公共电网的孤岛模式、孤岛模式和并网模式的无缝切换。

1)并网模式下的运行特征

微电网并网运行是指经过 PCC 与公共电网进行互联,且能与公共电网进行能量交互,当 DER 产能小于负载需求时,需要从公共电网吸收能量;当 DER 产能大于负载需求时,则将供能后剩余的能量储存在储能装置或并入电网[18]。

公共电网对微电网系统频率具有调节作用,若缺少对局部电压和频率的调整,高渗透率的并网系统可能会引起电压与无功的偏移甚至振荡。此外,在并网运行模式下,电压控制必须保证 DER 之间不能出现较大的无功环流,并以局部电压调整的形式为电网提供辅助服务[19]。

2)孤岛模式下的运行特征

微电网孤岛运行是指经过 PCC 和公共电网断开,独立自主运行。其主要特征是保证微电网系统内重要负载的稳定性和可靠性[20]。

孤岛运行又分为计划孤岛运行和非计划孤岛运行。计划孤岛运行模式是指事先规划好合理的孤岛区域,当 PCC 断开进入独立运行状态时,不需要大的调整就能够保持孤岛内功率平衡和电压频率稳定[21]。非计划孤岛运行模式是指当公共电网出现故障跳闸或电能质量不达标情况下,微电网以孤岛模式平稳运行的模式。该种模式提高了系统供电的可靠性和安全性[22]。

孤岛型微电网的频率稳定性控制具有一定的难度[23],主要是基于电力电子变换器接口的微电网不具有公共电网直接相连的旋转机械体,且孤岛型微电网的 DER 响应系统控制信号速度慢、存在较小的并网惯性,因此孤岛型微电网需要相关控制技术的协助,为系统提供必要的惯性支撑[24]。

1.3　微电网的研究综述

1.3.1　微电网发展现状

美国对于微电网的研究起步最早，其研究成果较其他国家相对显著[25]，其中对微电网的定义是由美国 CERTS 所提出的[26]，其定义的微电网是包含 DER 以及监控装置，几乎具备了传统公共电网的所有特点，是公共电网的"缩小版"。

美国电力公司与 CERTS 合作的微电网示范实验平台已经取得阶段性成果。现阶段，美国许多微电网工程已经进入商业化阶段，最典型的运行示范案例是阿拉米达县圣丽塔监狱(Santa Rita Jail，SRJ)微电网项目[27]。SRJ 包含有多个 DER：2MW、4MW 高级储能系统、1MW 燃料电池、1.2MW 太阳能光伏系统、11.5kW风力发电系统和两个 1MW 应急柴油发电机。所有 DER 通过分布式能量管理系统(Distributed Energy Resource Management System，DERMS)统一管理，可以灵活应对各种运行情况(如并网运行、孤岛运行、电网长期停电等)。微电网的存在保障了监狱的用电安全，使得远离负荷中心的关键负荷具有较高的用电可靠性。

另一个典型的 CERTS 微电网工程位于纽约曼哈顿的一座大楼内，该大楼装有四台 100kW 的热电联产混合发电机。混合热电联产解决方案不仅可提供出色的全负荷和部分负荷效率，而且允许这些热电联产装置在电网断开时作为备用发电机运行。其保证了从并网模式到独立的孤岛模式无缝过渡，当发生突发状况，该微电网依然可以可靠供电[28]。

欧盟微电网项目(European Commission Project Micro-Grids)所定义的微电网有以下四个特点：能够有效利用一次能源，可实现冷热电三联供，电源微型化，使用电力电子装置进行快速调节，并配有储能装置。随着微电网技术的进一步发展，欧盟对微电网研究的资助主要侧重于两个方面："大规模 DER 接入低压网络的集成"和"先进多微网架构与控制概念"[29,30]。其主要特点是要求微电网具有灵活多变的拓扑结构，以此提高可靠性、经济性以及电能质量。

欧盟一些研究机构提出的多智能体架构具有很强的前瞻性[31,32]。利用多智能体管理策略对微电网进行管理，增加底层设备的自主性，根据每个智能体自身特点制定控制规则，通过智能体间的交互将复杂的能量管理问题简化。多智能体技术需要智能体之间的交互，依赖通信的实时性，以大量的实时信息做出智能化的决定。Belfkira 等人[33]采用黑板通信架构作为公共的通信模式，智能体之间以此为媒介进行交互，简化了智能体间的通信复杂性。总体上说，该架构的微电网对物理控制器性能要求较高，还有待进一步的发展。

　　目前，欧洲各国的微电网工程都取得了一定的成果[34]。位于荷兰的 Bronsbergen Holiday Park 微电网通过光伏发电进行供电；德国的斯图恩西的 AM Steinweg 住宅项目，微电网通过 400kV 变压器与中压（20kV）电网相连。微电网包括 28kW 热电联产和 35kW 光伏发电系统以及 50kW 至 100kW 双向逆变器铅酸蓄电池组。流经变压器的最大功率为 150kW；希腊基思诺斯岛通过微电网为 12 所房屋提供负荷控制器。供电系统包括 10kW 光伏发电系统、53kW 电池系统和 5kW 柴油发电机组，另一个 2kW 光伏发电系安装在管理系统大楼的屋顶上，采用 SMA 逆变器和 32kWh 的电池系统，为监控和通信提供电源。

　　作为能源紧缺的发达国家，日本在微电网方面走在世界前列，其从 2003 年开始，首先针对与多个光伏发电系统连接的配电馈线进行电压控制的现场测试。在该项目中，大约 500 个光伏发电系统连接到电力系统上，在测试过程中记录电压质量，例如，电压波动和谐波失真，并且测试电压控制器和防孤岛检测器的性能[35]。由于化石能源的缺乏，日本充分利用清洁能源，以利用现有资源为目标，日本依次在青森县、爱知县和京都开展了 3 个微电网示范性项目[36,37]，其中每个微电网的 DER 容量分别为 710kW、750kW 和 2400kW。其中，爱知县的微电网是日本的第一个微电网，于 2005 年创建并在爱知世博会期间开始运作。该微电网的最大特点是将燃料电池供电设定成电力供给的主要方式。2005 年 10 月，青森县的微电网工程开始运营，该微电网最大的特质是只通过可再生能源实现电力供应，足以省去约 57.3%的能耗，同时减少约 8.47%的温室气体排放量[38]。京都微电网的电源包含了光伏、风能发电、沼气电池组以及燃料电池。通过调度部门得使该系统在较短的时间内达到电力的供需平衡。

　　我国对于微电网的研究滞后于发达国家，但在"分布式发电功能系统相关基础研究"等科研项目的支撑下，我国微电网发展速度和前景相对可观。中国第一次真正意义上的微电网示范工程于 2005 年在新疆建立[39]，该微电网可以给最大功率为 90kW 的负荷供电。我国第一个公开得到电能销售认证的微电网是吐鲁番新能源城市微电网[40]，该微电网项目包含了容量达 8.3MW 的光伏发电系统、10kV 的开关站、监控中心以及 1MW 储能设施。

　　2015 年我国将微电网的项目建设提升至国家层面[39]，在"十二五"规划中开始了微电网的研发工作。国家能源行政管理针对 100 个清洁能源示范城市和 1000 个清洁能源示范园区，探索出了独立供电技术和经营管理的新模式。高校积极响应国家号召，并取得阶段性进展，天津大学建立了包含多种类型的 DG 微电网，并通过开关的切换改变微电网的拓扑结构，并能与传统的电力系统动模实验互联运行。另外，该微电网配置了综合自动化系统，可实现整体监控、微电网网络重构、综合保护控制以及高级能量管理等功能。合肥工业大学设计的微电网特点是扩展了 IEC61970 标准中 DG 的公共信息模型（Common Information Model，CIM）使微电网能量管理软件能够无缝集成于传统能量管理软件之中。

除了对三相微电网研究外，直流微电网和高频微电网等特种架构也处于探索阶段。鉴于存在光伏发电，储能装置等直流输出电源，Ito 等人提出了建立低压直流架构的思想[41]。Chakraborty 和 Simoes 提出了高频微电网的概念，并构建了高频架构实验平台[42]。高频架构额定频率的设计需要充分考虑导线的集肤效应和电压降等因素，一般设计在 400Hz。整个高频微电网平台包括 DG、负载、有源滤波器、统一电能质量调节器（Unified Power Quality Conditioner，UPQC）以及有源线路调节器（Active Power Line Conditioner，APLC）等设备来改善电能质量。目前高频架构尚处于萌芽阶段，仅限于单相供电方式且结构复杂，开关损耗和高频干扰等问题亟待解决。

通过对微电网的概述，可将其特点归纳如下。

（1）从配电网角度看，微电网是一个电源或可中断负荷[43]。这种接入模式减少了间歇性直接接入电网带来的问题。

（2）能够运行在并网和孤岛两种模式。在并网模式下，负荷可以从公共电网和微电网内部两种渠道获得电能。当微电网内有多余的电能时可送入配电网或储存于储能装置中，因此可以使电能得到充分的利用。当公共电网进行检修或者发生故障时，微电网能够快速实现与公共电网分离，形成孤岛运行模式。通过负荷控制，在孤岛模式下微电网能够满足自身功率平衡[44]。

（3）微电网通常连接在低压配电网侧，其输电线路一般呈现阻性[45]，因此与高压电网线路的功率传输特性存在较大的差异。

（4）为得到合适的电压，微电网中需要使用大量的电力电子装置，由于没有传统大型同步发电机的旋转结构，DG 的惯性相对较小，微电网容易受到负荷突变和电网故障的冲击。此外，电力电子变流器输出阻抗小，导致过负载能力低[46]。

1.3.2　我国发展微电网需研究的关键问题

参考其他国家微电网发展历程，我国微电网发展过程中需要重点研究以下几个关键问题[7]。

（1）微电网在未来电网中的定位及微电网与现有配电网的协调发展规划。

我国在发展微电网时，第一需要回答的关键问题就是微电网在未来电网中定位问题。就当前的发展无法回答这个问题。但是，从技术层面和实际需要来看，在靠近分散型资源或有极高供电可靠性需求的用户周边区域，是适合发展微电网的。在这些地区，结合终端用户电能质量管理和能源梯级利用技术形成的小型模块化、分散式的供能网络，达到高效、环保、节能的综合效应。再结合我国对可再生能源发展规模的预测，微电网应当能够在未来配电网中占据相当大的比例。

微电网与现有配电网的协调发展问题。微电网无论是基于现在的配电网更新改造还是全新建设，也是一个比较重要的问题，基于环境、经济原因，在很多大中城市的新兴科技园区中引入小型燃气轮机、太阳能发电等 DER，同时保持与配电网的联系，通过多种供电通道从而实现了高供电可靠性的目标。但对于大多数的配电网用户，要实现微电网概念的供电模式，只能考虑在现有供电网络的基础上进行技术改造，但是当前技术复杂程度较高。

(2)微电网的仿真、试验及示范应用。

作为一个新的供电网络形式，开展仿真及试验是一个必需的研究环节，包括微电网数字仿真技术研究、数字仿真与物理动模仿真接口的研究、数字仿真与物理动模仿真混合仿真平台的开发等。而微电网示范工程的建设，则是微电网走向实际应用的必要步骤。

(3)微电网自身的技术问题。

微电网作为一个小而全的发供用电系统，存在三大核心技术问题需要解决，主要是微电网与公共电网之间的快速隔离、并网状态与孤岛状态的无缝切换，以及微电网的内部稳定。三大核心问题的关键在于稳定控制，微电网的发电侧都是具有间歇性且不可控等特点的可再生能源。用电侧由于范围较小，个别用户的负荷变化会对整体负荷造成较大影响，负荷也不在可控范围内。

1.3.3 微电网电压稳定性的研究现状

微电网技术问题是微电网发展的关键，也是国内外学者研究的重点。微电网系统中的电压稳定性问题是微电网发展中的重要问题，根据微电网的类型、拓扑结构、参数、储能装置和 DER 等的不同，稳定性方面也会有所不同。

混合微电网是未来智能电网的重要组成部分，也是微电网发展的一个趋势，然而混合微电网运行方式多样化、切换控制复杂，面对混合微电网保证电能的平稳输出是微电网亟待解决的技术问题[47]。微电网一方面要遵循自身特性或公共电网并网要求，另一方面，它是一个自主运行的电力系统，从而为用户提供可靠和高质量的能量。因此，微电网需要拥有性能良好的控制策略和管理系统[48]。

微电网控制需要满足如下要求。

(1)可以在不修改现有设备的情况下将新的 DER 添加到系统中。

(2)微电网可以自主选择操作点。

(3)微电网可以快速无缝地连接到电网或从电网中隔离出来。

(4)可以独立控制无功和有功功率。

(5) 可以调整电压骤降和系统不平衡。

(6) 微电网可以满足电网的负载动态要求。

由于微电网具有低惯性、存在多种运行模式及使用了各种电力电子接口等特点，为提高其电能质量及可靠性[49,50]，对其稳定性研究逐渐成为热点。微电网稳定性主要取决于频率、功角、电压三个方面。其中，针对频率与功角的稳定性已经存在大量的研究[51]，但对于电压稳定性研究相对滞后，现仍处于探索阶段，在微电网中多注重于逆变器控制策略的研究和提高电能质量，被研究的微电网多数为单层的低压微电网，关于稳定性分析更多地偏重于系统暂态稳定的研究，对微电网整个系统的稳定性分析还需要进一步深入[52]。

针对逆变器控制以达到微电网电压稳定控制的研究主要包括了精确反馈线性化控制、比例谐振控制、单周期数字控制、无差拍控制、自适应模糊控制等[53-55]，多位研究者进行了相关的研究。

Brabandere 等人采用了下垂控制的方法将无功与电压的关系线性化，根据这种对应关系不断调节 DER 出力，以实现对电压的控制[56]，该方法的缺点在于线性化的过程是一个有差调节的过程，当微电网受到较大扰动时有可能导致电压越限。董锋斌和帅定新等人提出的基于状态反馈的精确线性化控制方法在逆变器中的应用日益增多，但是该方法只有在被控对象的数学模型精确时才能有效发挥其优越性，没有考虑实际系统中存在的不确定性问题，因而存在鲁棒性差、计算复杂、工程实现困难的缺陷[57,58]。王亚威提出针对单相逆变器，研究了基于双闭环准比例谐振控制算法，将逆变器的设计分为滤波器、电流内环控制器、电压外环控制器，在基波频率处获得无穷增益以此实现谐振，在低压条件下具备较为理想的无静差性能，但是也无法避免比例谐振控制对系统参数的变化有较强依赖性的缺点，动态特性还有待提高且工程实现存在较大难度[59]。洪珊等人认为当微电网中的 DER 或者负载发生变化时，各种 DER、储能装置的逆变器或整流器控制方法的选择决定了微电网能否可靠运行，因此选取合理的控制策略才能够保证微电网在不同运行模式下都能够满足稳定运行的要求[60]。洪珊等人还将微电网中的储能系统作为微电网稳定控制器，针对微电网并网、孤岛运行模式分别设计了自适应滑模稳定控制器和逆推滑模稳定控制器用于平抑可再生能源的输出功率波动，平衡负荷与微电源间的功率、调节主电网电压和频率等，以此保证微电网电压稳定使其在不同运行模式下平稳运行。杨旭红和何超杰采用双极性算法的单周期数字控制技术，提高了并网逆变器对电压源侧输入的抑制能力，并具有良好的动态响应，但是当负载切投扰动时，抗干扰的能力相对较差[61]。黄天富等人在无差拍控制工作原理的基础上，推导出一种三相光伏并网逆变器电流无差拍控制算法，提出了一种基于电流无差拍控制的两级式光伏并网逆变器的总体控制策略[62]，有效提高了光伏发电系统的稳态特性和动态特性以及控制精度，但是无差拍控制存在着延时和依赖精确的电气模型参数的缺陷。该文献中的自适应模糊控制是通过对控制变量进行自适应的补偿或修正，改善并网控制效果，但是该策略缺乏强有力的理论支撑，其模糊控制的隶属度函数建立依赖经验，难以进行稳定性分析，而且控制参数较多、设计过程相对复杂。Shieh 和 Shyu 针对单相逆变器，将逆推法与滑模控制方法相结合，根据滑模变结构控制方法鲁棒性强、对系统数学模型依赖程度低的优势去弥补逆推法存在的缺陷，克服了系统参数不确定性与外界干扰对控制系统性能的影响[63]。

　　针对逆变器控制策略存在各种缺陷，研究者们通过提高 DG、储能系统和负载协调运行能力保证微电网的稳定运行，因为各类 DER 及储能装置是构成微电网的基本电源，同时也是系统高效、稳定、安全运行的重要设备[64]。针对微电网的构成，多位研究者进行了相关的研究。

　　Zamani 等人提出一种用于电子耦合分布式能源的增强控制策略，该控制方法既不需要控制器模式切换，又可以使电子耦合的分布式能源能够穿越电网故障，以此保证在大的扰动和故障情况下微电网的稳定运行[65]。Vandoorn 等人根据孤岛式低压微电网的特点设计了微电网的控制系统，该系统根据电网电压改变 DER 和存储设备的输出功率，通过控制 DG 的直流侧电压来调节微电网的电压设定值，该控制系统在没有单元间通信的情况下，可保证微电网的暂态性和稳定性，解决了传统下垂控制系统所引起的稳定频率偏差问题[66]。Yasser 和 Amr 提出了一种分布式发电转换器的鲁棒分级控制系统，该系统可实现鲁棒的微电网运行以及并网和孤岛模式之间的无缝转换，结合内部模型和变结构控制通过调节微电网的电压减小微电网在运行方式切换期间的电压波动[67]。

　　微电网电压稳定性本质反映的是系统中的功率与负荷是否能够保持平衡。电压的不稳定原因是：负载超过系统可控能力而引起电压不可控、DER 受外界环境的变化而引起供电波动。不同于传统的集中调节，分布式能源导致微电网的电压分布在不同节点的状况也各不相同。因此，微电网电压稳定性的问题是一个较为复杂的分布性问题。在系统分析中，无功功率与电压紧密相关，当节点的无功功率和负载消耗能达到平衡时，电压则处于稳定状态。相反，当微电网无法维持这种平衡时，无功功率缺失，电压的持续性不能保持，呈逐渐下降趋势，从而导致了电压的崩溃，电压处于不稳定状态。结合现代电力系统分析中的"最优潮流"理论，通过优化无功功率的分布来实现微电网电压稳定成为一种途径。另外，针对微电网电压的分布性特质，新兴的分布式人工智能技术恰好与其相对应。目前微电网电压稳定性的控制策略可分为：基于"最优潮流分布"的控制和基于"分区分层"控制两类[68]。基于这两个方向，国内外学者进行了相关研究。

Korukonda 等人为提高孤岛微电网的电压稳定性提出了两种用于开发控制器以处理变化的负载和通信线路故障的方法，一种用于全通信拓扑类型的微电网，另一种用于稀疏通信类型的微电网。利用不同 DER 之间的配合，将微电网电压稳定度提高到接近最大水平[69]。Colak 等人从微电网的运行方式控制出发，提出了一种功率分配方案，其中四个采用 PQ 控制策略的 DG 以求输出功率恒定，两个 DG 采用 V/f 控制策略以维持微电网电压恒定[70]。无论微电网处于并网运行还是孤岛运行模式，该控制策略使得微电网电压趋于稳定，但是该控制策略在很大程度上依赖于控制模块，当控制模块出现通讯障碍时，会影响整个系统的稳定。Adamiak 等人提出了一种联络线控制法。该方法实质上是协调各 DER 之间的响应，管理微电网与公共电网公共连接点的馈线潮流和电压，使连接于公共电网处的整个微电网系统可看作为可控单元[71]。鲁斌和衣楠提出了一种基于多智能体系统(Multi-Agent System，MAS)技术的控制方法[72]。该方法利用负荷与 DER 之间可以通过交换信息来确定输出功率的方式，合理地控制了各逆变器输出的无功功率，有效地解决了微电网的无功/电压控制问题，减小了母线电压的波动。但是该文献仅仅针对孤岛运行模式，未对并网模式下 DG 的增发、电容和负载的投切进行研究。马龙飞等人提出了一种基于分层的协调策略[73]，将微电网的控制分为三层，其中基础控制层为多变流器下垂稳定控制，第二层为分布式电压修正控制，第三层通过 DER 间通信实现与负荷供需功率匹配，通过以上三层控制，减小了微电网系统各个 DER 下垂输出电压波动，增强了系统稳定运行的鲁棒性，实现了微网系统最优功率分配，但他们选择微型燃气轮机、燃料电池和蓄电池作为 DER 不具代表性，未选取波动性大、易受外界环境影响且运用更加广泛的太阳能和风能导致结论不具说服力。周烨等人通过结合微电网分层控制的基本框架[74]，以实现每一层的分布式控制为目标，提出了基于多智能体一致性算法的分布式分层控制策略，以维持微电网系统频率和电压的稳定，以及实现有功、无功负荷在 DER 间的灵活分配，但该策略无法体现出 DER 的动态特性。

1.4 微电网电压稳定控制面临的挑战

近年来，DG 的连接速率和渗透率逐渐增加，使得研究人员迫切需要开发出具有更大灵活性的混合控制策略，以此来应对这种增加的复杂性，特别是处理不可预见的情况和系统的切换等方面问题。事实上，新技术的整合使得电力行业能够重新考虑运行策略，以提高电网运行的安全性和可靠性[75,76]。

相比于传统的同步发电机单元的特性，DER 单元的特性具有很大的不同，特别是电子耦合单元的稳态和动态特性。在配电网中，微电网包括 DER 和具有不同容量、特性的分布式存储装置，因此动态特性的巨大差异给运行策略带来许多挑战[77,78]，在较大的扰动下，高渗透分布微电网通常在连续状态和离散状态下显示了复杂的交互式混合行为，例如，同步电机、DG 单元和负载等组件表现为连续的动态行为，这些行为通常表示为耦合微分方程和代数方程，而其他组件，如开关、保护装置、变换器和遥控器等则表现出事件触发的离散行为。此外，DER 的多模式和"即插即用"特性也是典型的离散行为，这些离散行为经常影响并依赖于连续动态行为[79,80]。高渗透配电网的运行环境是复杂多变的，在高渗透配电网中，存在大量不可控的 DER 单元，其功率输出受到自然可再生能源的影响，如风能和太阳能等。这些 DER 单元的间歇运行模式和不稳定的功率输出导致了电力供应的不确定性。另外，一些 DER 单元可以通过控制命令随时连接到公共电网或与公共电网断开连接，这种"即插即用"导致了电网配置的不确定性。

当今配电网的自动化程度还处于较低水平，因此微电网没有实时重新配置的能力，系统的自我修复和安全性完全取决于系统本身。由于缺乏信息共享，虽然组件系统的局部自动化程度非常高，但整个系统控制通常具有孤立性，不能形成一个有机整体[81-84]。

随着 DG 的渗透率增加，高渗透电网的运行策略应充分利用 DG 的多模式和"即插即用"的特性，实现系统运行的实时重新配置。换言之，通过 DG 的运行模式重新配置，可以在紧急情况下匹配配电网的不平衡有功/无功功率，从而及时提高系统的自愈能力和安全性。

1.5　本书结构

当前微电网的电压稳定控制不仅需要高度自动化的连续控制来调节组件的动态行为，以及在线离散控制策略来实现运行模式的重新配置，还需要控制策略具有离散和连续的实时交互式协作。在这种情况下，电压稳定控制采用混合控制的形式来应对微电网稳定性问题。混合控制理论是由多模式控制演变而来的，是为控制复杂的混合系统提供了新的控制策略[85,86]。混合控制理论的发展为电力系统控制设计开辟了新的契机，其可以实现对不同电压运行状态的自动判断、控制方式的自动选择，以及在不同状态下的系统电压的自动协调优化控制，从而保证电压质量和电压水平，同时提高系统的稳定性，改善电压动态品质[87,88]。

本书针对微电网发展关键技术问题、微电网电压稳定控制发展现状以及上述挑战，着重介绍微电网电压稳定的混合控制策略。

第 2 章为预备知识，为后续章节做铺垫。

第 3 章主要针对连续系统和微电网系统，研究事件触发的脉冲控制（Event-triggered Impulsive Control，ETIC)下系统的稳定性，其中分别对连续动态时间系统(Continuous-time Dynamical System，CDS)在事件触发的脉冲控制下达到输入状态稳定(Input-to-State Stability，ISS)和指数输入状态稳定(Exponential Input-to-State Stability，EISS)进行讨论，另外还讨论了在外部扰动和通信网络等因素影响下，在时滞和丢包等时，事件触发的脉冲控制对连续动态时间系统的稳定或以指数方式稳定到 ISS 的过程，并搭建了直流微电网系统模型，讨论了在事件触发控制(Event-triggered Control，ETC)下微电网电压的稳定性和控制。

第 4 章主要针对离散系统和微电网系统，研究在事件触发的脉冲控制下系统的稳定性。研究了负载电流存在不平衡和畸变导致的微电网电压不平衡问题，提出了一种用于不间断电源的电压源变换器(Voltage-Source Converter，VSC)混合控制方案，以保证微电网在 PCC 处保持电压平衡，并使其在并网和孤岛两种模式下安全运行。

第 5 章主要针对微电网的不同模式转换，提出了两层的混合控制策略。通过重构 DER 的运行模式，以增强紧急情况下微电网的稳定性、自愈性和安全性，并通过仿真实例进行验证。

第 6 章主要针对微电网的能量分配进行管理和优化，在多智能体系统的基础和物理结构上，对微电网进行三级事件触发混合控制，通过对微电网系统运行模式间的智能重新配置策略，实现了负载曲线的跟踪，并提高了系统安全性与稳定性。

第 7 章介绍了光伏发电系统和风力发电系统的电压稳定控制的应用。

1.6 本 章 小 结

本章主要介绍了微电网的基本概念、结构、特征、国内外的发展现状以及发展的关键问题；对微电网稳定性问题进行了分析，并对微电网电压稳定的主流控制策略进行简介并分析了其优劣；最后将本书的研究内容及结构安排进行了说明。

参 考 文 献

[1] 赵宏伟，吴涛涛. 基于分布式电源的微网技术. 电力系统及其自动化学报，2008，20(1): 121-128.

[2] 马艺玮，杨苹，王月武，等. 微电网典型特征及关键技术. 电力系统自动化，2015，39(8): 168-175.

[3] 梅生伟, 李瑞, 黄少伟, 等. 多能互补网络建模及动态演化机理初探. 全球能源互网, 2018, 1(1): 10-22.

[4] 胡学浩. 美加联合电网大面积停电事故的反思和启示. 电网技术, 2003, 27(9): 2-6.

[5] 梁才浩, 段献忠. 分布式发电及其对电力系统的影响. 电力系统自动化, 2001, 25(12): 53-56.

[6] Soni N, Doola S, Chandorar M C. Improvement of transient response in microgrids using virtual inertia. IEEE Transactions on Power Delivery, 2013, 28(3): 1830-1838.

[7] 时珊珊, 鲁宗相, 周双喜, 等. 中国微电网的特点和发展方向. 中国电力, 2009, 42(7): 21-25.

[8] 鲁宗相, 王彩霞, 闵勇, 等. 微电网研究综述. 电力系统自动化, 2007, 31(19): 25-34.

[9] 盛鹍, 孔力, 齐智平, 等. 新型电网: 微电网(Microgrid). 继电器, 2007, 35(12): 75-81.

[10] 张慧娟. 新电改背景下微电网运营模式研究. 北京: 华北电力大学, 2018.

[11] Huang W, Lu M, Zhang L. Survey on microgrid control strategies. Energy Procedia, 2011, 12: 206-212.

[12] 王成山, 武震, 李鹏. 微电网关键技术研究. 电工技术学报, 2014, 29(2): 59-68.

[13] 邱进亮. 交直流混合微电网的运行及控制策略研究. 兰州: 兰州理工大学, 2019.

[14] 丁明, 史盛亮, 潘浩, 等. 含电动汽车充电负荷的交直流混合微电网规划. 电力系统自动化, 2018, 42(1): 32-38.

[15] 朱永强, 贾利虎, 蔡冰倩, 等. 交直流混合微电网拓扑与基本控制策略综述. 高电压技术, 2016, 42(9): 2756-2767.

[16] 贾利虎. 交直流混合微电网拓扑与控制策略研究. 北京: 华北电力大学, 2017.

[17] 张昊. 微电网技术的应用现状和前景分析. 中国高新科技, 2019, (13): 101-104.

[18] 孙云岭. 微网运行控制策略及并网标准研究. 北京: 华北电力大学, 2013.

[19] Guerrero J M, Vicuna L D, Matas J, et al. A wireless controller to enhance dynamic performance of parallel inverters in distributed generation systems. IEEE Transactions on Power Electronics, 2004, 19(5): 1205-1213.

[20] Chen F X, Chen M Y, Li Q, et al. Multiagent-based reactive power sharing and control model for islanded for islanded microgrids. IEEE Transactions on Sustainable Energy, 2016, 7(3): 1232-1244.

[21] 韩耀鹏. 基于可控短路技术的微电网孤岛检测技术研究. 济南: 山东大学, 2011.

[22] 石荣亮. 多能互补微电网中的虚拟同步发电机(VSG)控制研究. 合肥: 合肥工业大学, 2017.

[23] 杨向真, 苏建徽, 丁明, 等. 微电网孤岛运行时的频率控制策略. 电网技术, 2010, 34(1): 164-168.

[24] 杜燕. 微网逆变器的控制策略及组网特性研究. 合肥: 合肥工业大学, 2013.

[25] 王成山, 周越. 微电网示范工程综述. 供用电, 2015, (1): 17-21.

[26] Eduardo A, Tim B, Erin M, et al. CERTS microgrid demonstration with large-scale energy storage and renewable generation. IEEE Transactions on Smart Grid, 2014, 5 (2): 937-943.

[27] Liu C, Wechsler H. SRJ DOE final report submitted. http://www.smartgrid.gov/files/SRJ_DOE_Final_Report_Submitted_20140717.pdf, 2014.

[28] Robert P, Joseph E G, Melinda M F. Real-world performance of a CERTS microgrid in Manhattan. IEEE Transactions on Sustainable Energy, 2013, 5 (4): 1356-1360.

[29] Robert A P, Joseph B G, Paolo P. Design and testing of an inverter-based combined heat and power module for special application in a microgrid//The IEEE Power Engineering Society General Meeting, Tampa, 2007.

[30] 徐迅, 高蓉, 管必萍, 等. 微电网规划研究综述. 电网与清洁能源, 2012, 28 (7): 25-30.

[31] Dimeas A L, Hatziargyriou N D. Operation of a multiagent system for microgrid control. IEEE Transactions on Power Systems, 2005, 20 (3): 1447-1455.

[32] Lagorse J, Simôes M G, Miraoui A. A multiagent fuzzy-logic-based energy management of hybrid systems. IEEE Transactions on Industry Applications, 2009, 45 (6): 2123-2129.

[33] Belfkira R, Zhang L, Barakat G. Optimal sizing study of hybrid wind/PV/dies power generation unit. Solar Energy, 2011, 85 (1): 100-110.

[34] Bayindir R, Bekiroglu E, Hossain E, et al. Microgrid facility at European union//The International Conference on Renewable Energy Research and Application, Milwaukee, 2014.

[35] Funabashi T, Yokoyama R. Microgrid field test experiences in Japan//The IEEE Power Engineering Society General Meeting, Montreal, 2006.

[36] 陈恩黔, 楼书氢, 陈奔. 国外智能电网的研究概况及其在我国的发展前景. 中国电力教育, 2011, 18: 90-91.

[37] Asanol H, Bandol S. Economic Analysis of Microgrids//The Power Conversion Conference, Nagoya, 2007.

[38] 郑漳华, 艾芊. 微电网的研究现状及在我国的应用前景电网技术. 电网技术, 2008, 32 (16): 27-31.

[39] Barnes M, Kondoh J, Asano H, et al. Real-world micro grids: an overview//The IEEE International Conference on System of Systems Engineering, San Antonio, 2007.

[40] 我国首个微电网获售电许可. http://guangfu.bjx.com.cn/news/20170405/818280.shtml, 2017.

[41] Ito Y, Zhong Q Y, Akagi H. DC microgrid based distribution power generator system//The 4th International Power Electronics and Motion Control Conference, Xi'an, 2004.

[42] Chakraborty S, Simoes M G. Experimental evaluation of active filtering in a single-phase

high-frequency AC microgrid. IEEE Transactions on Energy Conversion, 2009, 24(3): 673-682.

[43] 孙景钉. 分布式发电条件下配电系统保护原理研究. 天津: 天津大学.

[44] 姚勇, 朱桂萍, 刘秀成. 电池储能系统在改善微电网电能质量中的应用, 电工技术学报, 2012, 27(1): 85-89.

[45] 周龙华, 舒杰, 张先勇, 等. 分布式能源微网电压质量的控制策略研究. 电网技术, 2012, 36(10): 17-22.

[46] 杜威, 姜齐荣, 陈蛟瑞. 微电网电源的虚拟惯性频率控制策略. 电力系统自动化, 2011, 35(23): 26-31.

[47] 卢强. 充分利用可再生能源. 中国不会有能源危机. 中国电力, 2011, 44(9): 1-3.

[48] Huang W, Sun C H, Wu Z P, et al. A review on microgrid technology containing distributed generation system trans. Power System Technology, 2009, 44(9): 14-18.

[49] Kgadem A A, Muatafa M W B, Mokhtar A S B. Small signal stability analysis of rectifier-inverter fed induction motor drive for microgrid applications.International Review on Modelling and Simulations,2012,5(2):1015-1019.

[50] 肖朝霞, 赵倩宇, 方红伟. 逆变型微网状态空间方程的分析与建立. 电力系统自动化, 2015, 39(2): 39-45.

[51] Wang Q, Wang B, Xu W, et al. Research on STATCOM for reactive power flow control and voltage stability in microgrid//The 13th IEEE Conference on Industrial Eleconics and Applications, Wuhan, 2018.

[52] 樊苓艳. 微电网无功潮流控制与电压稳定性研究. 秦皇岛: 燕山大学, 2016.

[53] 陈燕东. 微电网多逆变器控制关键技术研究. 长沙: 湖南大学, 2014.

[54] 姚巧, 陈敏, 牟善科, 等. 基于反馈线性化的高性能逆变器数字控制方法. 中国电机工程学报, 2010, 30(12): 14-19.

[55] 陈宝远, 邹丽爽, 吴茜, 等. 基于 H∞控制算法的单相逆变电源控制器研究. 哈尔滨理工大学学报, 2010, 15(4): 14-18.

[56] Brabandere K D, Bolsens B, Keybus J V D, et al. A voltage and frequency droop control methodfor parallel inverters. IEEE Transactions on Power Electronics, 2007, 22(4): 1107-1115.

[57] 董锋斌, 钟彦儒. 基于状态反馈精确线性化的三相四桥臂逆变器的控制. 信息与控制, 2012, 41(5): 544-552.

[58] 帅定新, 谢运祥, 杨金明, 等. 基于状态反馈精确线性化单相全桥逆变器的最优控制. 电工技术学报, 2009, 24(11): 120-126.

[59] 王亚威. 基于双闭环准比例谐振控制的逆变器研究. 大连: 大连理工大学, 2014.

[60] 洪珊. 基于滑模控制的微电网稳定控制研究. 南京: 南京理工大学, 2017.

[61] 杨旭红, 何超杰. 基于单周期控制的 LCL 并网逆变器控制策略研究. 电机与控制应用, 2016, 43(5): 7-11.

[62] 黄天富, 石新春, 魏德冰, 等. 基于电流无差拍控制的三相光伏并网逆变器的研究. 电力系统保护与控制, 2012, 40(11): 36-41.

[63] Shieh H J, Shyu K K. Nonlinear sliding-mode torque control with adaptive backstepping approach for induction motor drive. IEEE Transactions on Industrial Electronics, 1990, 46(2): 380-389.

[64] 苏小玲. 微电网稳定运行分析与控制. 北京: 华北电力大学, 2016.

[65] Zamani M A, Yazdani A, Sidhu T S. A control strategy for enhanced operation of inverter-based microgrids under transient disturbances and network faults. IEEE Transactions on Power Delivery, 2012, 27(4): 1737-1747.

[66] Vandoorn T L, Meersman B, Degroote L, et al. A control strategy for islanded microgrids with DC-link voltage control. IEEE Transactions on Power Delivery, 2011, 26(2): 703-713.

[67] Yasser A R I M, Amr A R. Hierarchical control system for robust microgrid operation and seamless mode transfer in active distribution systems. IEEE Transactions on Smart Grid, 2011, 2(2): 352-362.

[68] 郭庆来, 张伯明, 孙宏斌, 等. 电网无功电压控制模式的演化分析. 清华大学学报(自然科学版), 2008, (1): 16-19.

[69] Korukonda M P, Mishra S R, Shukla A, et al. Improving microgrid voltage stability through cyber-physical control//The National Power Systems Conference, Bhubaneswar, 2017.

[70] Colak I, Bayindir R, Al-Nussairi M, et al. Voltage and frequency stability analysis of AC microgrid//The IEEE International Telecommunications Energy Conference, Osaka, 2015.

[71] Adamiak M, Bose S, Liu Y, et al. Tieline controls in microgrid applications//The IREP Symposium-Bulk Power System Dynamics and Control-VII, Revitalizing Operational Reliability Symposium, Charleston, 2007.

[72] 鲁斌, 衣楠. 孤岛模式下微电网自趋优分布式无功电压控制策略. 电力系统自动化, 2014, 38(9): 218-225.

[73] 马龙飞, 张宝群, 焦然, 等. 基于分层微电网的分布式协同控制策略研究. 可再生能源, 2018, 36(12): 1818-1825.

[74] 周烨, 汪可友, 李国杰, 等. 基于多智能体一致性算法的微电网分布式分层控制策略. 电力系统自动化, 2017, 41(11): 142-149.

[75] Moslehi K, Kumar R. A reliability perspective of the smart grid. IEEE Transactions on Smart Grid, 2010, 1(1): 57-64.

[76] Santacana E, Rackliffe G, Tang L, et al. Getting smart. IEEE Power Energy Magazine, 2010, 8(2): 41-48.

[77] Yasser A R, Ehab F E S. Adaptive decentralized droop controller to preserve power sharing stability of paralleled inverters in distributed generation microgrids. IEEE Transactions on Power Electronics, 2008, 23(6): 2806-2816.

[78] Barklund E, Pogaku N, Prodanovic M, et al. Energy management in autonomous microgrid using stability-constrained droop control of inverters. IEEE Transactions on Power Electronics, 2008, 23(5): 2346-2352.

[79] Wang W P, Bai X M, Zhao W, et al. Hybrid power system model and the method for fault diagnosis//The IEEE/PES Transmission & Distribution Conference & Exhibition: Asia and Pacific, Dalian, 2005.

[80] Jiang Z H, Gao L J, Dougal R A. Flexible multiobjective control of power converter in active hybrid fuel cell/battery power sources. IEEE Transactions on Power Electronics, 2005, 20(1): 245-254.

[81] Dou C X, Jia Q Q, Jin S J, et al. Delay-independent decentralized stabilizer design for large interconnected power systems based on WAMS. International Journal of Electrical Power & Energy Systems, 2007, 29(10): 775-782.

[82] Dou C X, Jia Q Q, Jin S J, et al. Robust controller design for large interconnected power systems with model uncertainties based on wide-area measurement. Electrical Engineering, 2008, 90(4): 265-273.

[83] Yadaiah N, Dinesh K A G, Bhattacharya J L. Fuzzy based coordinated controller for power system stability and voltage regulation. Electric Power Systems Research, 2004, 69(2-3): 169-177.

[84] Kundur P, Paserba J, Ajjarapu V, et al. Definition and classification of power system stability. IEEE Transactions on Power Systems, 2004, 19(2): 1387-1401.

[85] Hill D J, Guo Y, Larsson M, et al. Global hybrid control of power systems. Bulk Power System Dynamics and Control V, 2004, 8: 26-31.

[86] Leung J S K, Hill D J, Ni Y X. Global power system control using generator excitation, PSS, FACTS, devices and capacitor switching. International Journal of Electrical Power & Energy Systems, 2005, 27: 448-464.

[87] Avraam M P, Shah N, Pantelides C C. Modeling and optimization of genera hybrid systems in the continuous time domain. Computers & Chemical Engineering, 1998, 22: 221-228.

[88] 胡伟, 卢强. 混成电力控制系统及其应用. 电工技术学报, 2005, (2): 11-16.

第 2 章　预 备 知 识

2.1　微电网控制技术理论

微电网是由分布式电源、负荷、储能装置以及各类控制器和保护器所组成的有机可控整体，并可向用户提供稳定的能量供应[1]。微电网的控制策略可分为分布式电源控制策略和微电网控制策略。其中分布式电源控制策略可分为：下垂 (droop) 控制[2,3]、恒功率 (PQ) 控制[4]和恒压恒频 (V/f) 控制[5]。负荷控制策略可分为：对等 (peer-to-peer) 控制[6]、主从 (master-slave) 控制[7,8]和分层 (hierarchical) 控制[9]。

2.1.1　微电网中 DG 单元的控制策略

1) 下垂控制

下垂控制的思路来源于发电机的工频静特性，即发电机的有功功率与频率、发电机的无功功率与电压之间的关系曲线为近似线性的下垂特性曲线，利用下垂控制原理来控制的微源一般在微电网中起支撑频率和电压的作用，具体下垂控制原理图如图 2-1 所示[10]。

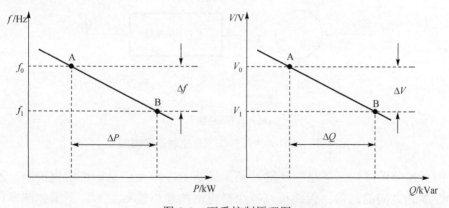

图 2-1　下垂控制原理图

设当前工作点为 A 点，当输出功率(包括有功和无功)增大，则由曲线可知相应的频率和电压将会下降，并于 B 点稳定，可以看到对应有功率差值，如果通过控制功率则可以控制频率或电压，反之，也可通过控制频率或电压来控制功率。

由此，下垂控制有如下两种控制方法。

(1)首先测量出频率和电压幅值，然后通过计算得出参考有功和无功功率，即通过频率和电压来控制输出功率的控制方法(f-P，V-Q)。

(2)首先测量出 DG 单元的有功和无功功率，计算得出参考频率和电压幅值，即以功率来控制频率和电压的控制方法(P-f，Q-V)。

以第一种控制方法为例对下垂控制进行详细介绍，逆变器的下垂特性数学描述如下：

$$P = P_0 - m(f_0 - f) \qquad (2\text{-}1)$$

$$Q = Q_0 - n(U_0 - U) \qquad (2\text{-}2)$$

其中，m 为有功/频率的下垂系数；n 为无功/电压的下垂系数。第一种控制方法首先根据上述公式分别计算出参考的有功和无功，然后通过 PI 控制进行功率控制。f-P 与 V-Q 下垂控制原理图如图 2-2 所示，P-f 与 Q-V 下垂控制原理图如图 2-3 所示。

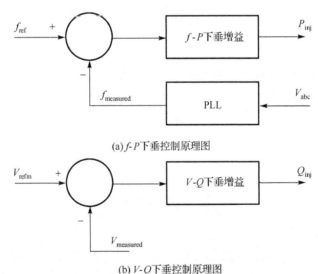

(a) f-P 下垂控制原理图

(b) V-Q 下垂控制原理图

图 2-2　f-P 与 V-Q 下垂控制原理图

由上述分析可知，下垂控制通过测量局部 DG 单元信息即可实现控制，不需要 DG 单元之间的通信，因此可以减少微电网的通信设备成本，下垂控制多用于微网中可调度 DG 单元的逆变器控制，满足"即插即用"的要求，可以提高系统运行的稳定性。

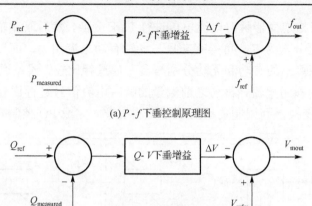

(a) P-f下垂控制原理图

(b) Q-V下垂控制原理图

图 2-3 P-f 与 Q-V 下垂控制原理图

2) 恒功率控制

恒功率控制又称为 PQ 控制，它也是根据频率和有功，电压和无功的下垂特性曲线来进行控制的控制方法，通过控制分别使得有功和无功维持在其参考值附近，恒功率控制原理图如图 2-4 所示[11]，由图 2-4 可知，设 DG 单元运行在 A 点，逆变器出口电压幅值为 V_0、频率为 f_0，要求控制有功无功始终维持在 P_{ref}、Q_{ref}，而不随频率和电压的变化而变化。当频率、DG 单元端口电压上升时，控制运行点由 A 点运行到 B 点，保证了输出的有功和无功保持不变。同理，当频率和电压降低时控制运行点由 A 点到 C 点，也可维持功率输出不变。该控制方法的不足之处在于需要设置专用的分布式电源以维持电压和频率，或者通过与公共电网并网通过电网来维持。

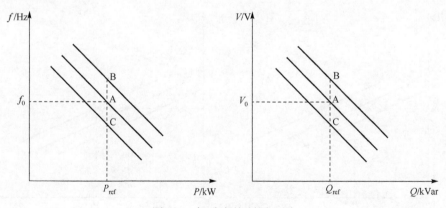

图 2-4 恒功率控制原理图

微电网典型双环控制原理图如图 2-5 所示，其中双环控制由功率外环和电流内环组成。将三相逆变器瞬时电流电压进行 Park 变换，然后取 d 轴与电压矢量同向，则 q 轴电压分量为零，可得有功只与 d 轴有功电流相关，而无功只与 q 轴无功电流相关，计算出的有功和无功分别与参考值进行比较，误差通过 PI 控制，得出 d 轴和 q 轴的参考电流，再与之前测量的瞬时电流信号进行比较，然后通过 PI 控制和 Park 反变换得到调制之后的三相调制信号，完成 PQ 控制。

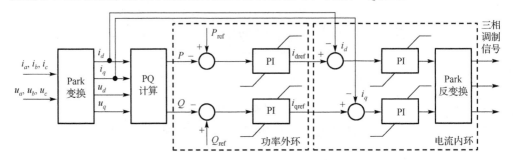

图 2-5　微电网典型双环控制原理图

PQ 控制一般应用于微网中不可调度分布式电源逆变器的控制，如风力发电机、光伏发电装置等以间歇性自然能源进行发电的 DG 单元。

3）恒压恒频控制

恒压恒频的控制思路正好与恒功率控制相反，即无论功率输出如何改变，电压与频率均保持不变。

设 A 点为当前运行状态，当有功无功均增加时，频率和电压均降低，此时控制器控制运行点由 A 到 B，则保持频率和电压维持不变，反之亦然，V/f 控制原理图如图 2-6 所示[12]。

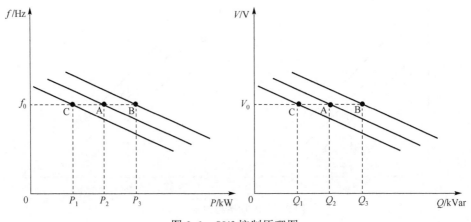

图 2-6　V/f 控制原理图

典型三相逆变器恒压恒频控制原理图如图 2-7 所示[13]，首先利用频率和电压计算出有功和无功参考值，通过与瞬时值比较确定是否存在误差，如果存在误差，则通过 PI 控制得到电流参考值与瞬时值比较，通过 PI 调节后经 Park 反变换得到调整后的三相调制信号，完成恒压恒频控制。

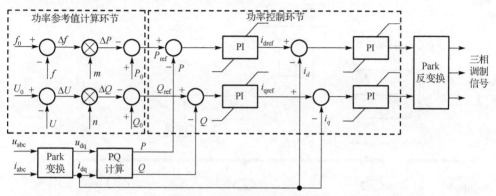

图 2-7　恒压恒频控制原理图

恒压恒频控制一般运用于微网中可调度的 DG 单元逆变器控制，如微型燃气轮机、储能装置等，以便对微电网的频率和电压起支撑作用。

2.1.2　微电网控制策略

1) 对等控制

对等控制[12,13]，即微电网中各个 DG 单元具有相等的地位，各 DG 单元间不存在主次之别，以预先设定的控制模式参与有功和无功的调节，维持系统电压和频率稳定。各 DG 单元满足"即插即用"，即当有 DG 单元接入微网或者切出微网，不影响其他的 DG 单元的正常运行。因此，采用对等控制的逆变器一般采用下垂控制，此时的 DG 单元间不需要通信，可以节约通信成本。对等控制策略可以运用于并网模式和孤岛模式且易于实现两种状况之间的无缝切换，提高暂态稳定性，因此得到广泛运用。微电网对等控制原理图如图 2-8 所示，由图 2-8 可知，以风能和光能等自然能源发电的 DG 单元使用 PQ 控制，其余接入的 DG 单元使用下垂控制。

2) 主从控制

主从控制，多用于孤岛模式，选定一个或多个 DG 单元作为主控制单元，对系统的电压和频率起支撑作用，此类单元多为可调度单元，响应快、容量大，如大容量储能单元或者稳定功率输出的微型燃气轮机等[14]。一般主控制 DG 单元多采用恒压恒频控制，从控制 DG 单元不参与调节系统电压和频率，多采用 PQ 控制。主控 DG 单元与从控 DG 单元之间需要通信联系，且从控服从于主控，这种通信联系属于强联系，对通信质量要求很高，一旦通信失败，微网可能会崩溃。典型的微电网主从控制原理图如图 2-9 所示，由图 2-9 可知，主控制单元在联网模式下会采用 PQ 控制，当微电网进入孤岛运行时，切换回恒压恒频控制，其他从控制单元在两种模式之下都为 PQ 控制。

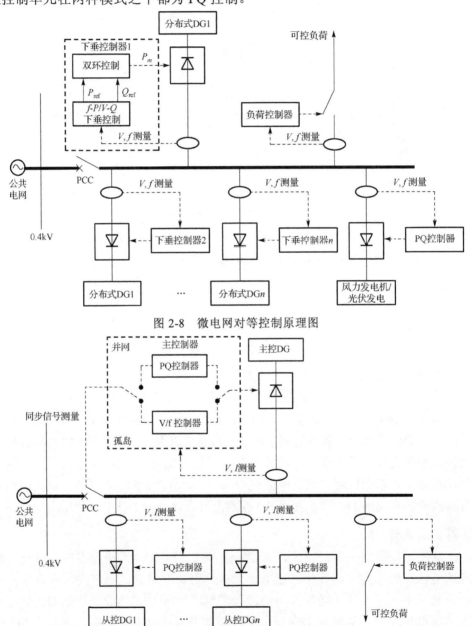

图 2-8　微电网对等控制原理图

图 2-9　微电网主从控制原理图

3) 分层控制

分层控制[15-17]，一般有两层设置，也有三层设置，两层设置一般是一个微电网，三层设置一般为多个微电网的微网群的分层控制。两层控制，在微电网中将分布式电源和负荷共同作为一个底层，然后再建立一个上层管理系统，通过上层对下层进行控制。三层就是在上层管理系统的上边再加上一个调度管理系统，一般运用于多个微网组成的群组，微电网分层控制原理图如图 2-10 所示。相比于主从控制，分层控制不同之处为分层控制中没有实体的主控制单元，只有虚拟的上层控制系统，且下层 DG 单元间也构成独立的控制系统，因此上下层间的通信为弱联系，即使通信失败，影响也不会太大。

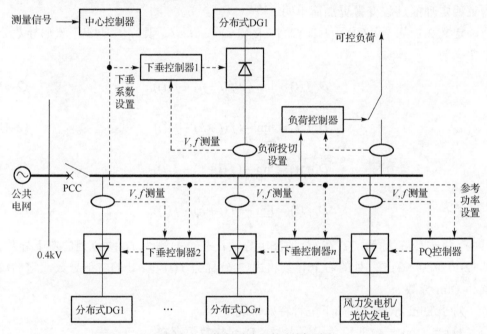

图 2-10 微电网分层控制原理图

上层控制系统作用是广域测量，通过对测量信息进行收集和分析，然后进行决策，为不同运行状态设计不同的运行计划，在线管理下层各个 DG 单元及负荷，保持微网稳定运行，底层的 DG 单元之间可以有多种控制策略，如对等控制、主从控制。

分层控制策略已经具有智能化的理念，相对于主从控制和对等控制能够更好地控制微网，目前已被认为是未来智能电网的运行模式，而且在一些系统中已经对基于 MAS 的分层控制技术进行了详细的研究[18-23]。

2.2　稳定性理论

2.2.1　相关数学知识

1) 狄尼(Dini)导数

利用狄尼(Dini)导数,可以放宽李雅普诺夫函数的可微条件,因此也可利用不可导李雅普诺夫函数,例如,一次型 V 函数 $V = \sum_{i=1}^{n} |x_i|$ 证明定理的正确性,使得证明定理的过程变得更加简单明了[24]。

定义 2.1[24]:设 $f(t) \in [I, \mathbb{R}^1]$,$I = [t_0, +\infty)$,$\forall t \in I$,则 $f(t)$ 的 4 个狄尼导数分别定义为

$$D^- f(t) = \overline{\lim_{h \to 0^-}} \frac{1}{h}(f(t+h) - f(t)) \tag{2-3}$$

$$D_- f(t) = \underline{\lim_{h \to 0^-}} \frac{1}{h}(f(t+h) - f(t)) \tag{2-4}$$

$$D^+ f(t) = \overline{\lim_{h \to 0^+}} \frac{1}{h}(f(t+h) - f(t)) \tag{2-5}$$

$$D_+ f(t) = \underline{\lim_{h \to 0^+}} \frac{1}{h}(f(t+h) - f(t)) \tag{2-6}$$

其中,将式(2-3)称为 $f(t)$ 在 t 处的左上导数;式(2-4)称为 $f(t)$ 在 t 处的左下导数;式(2-5)称为 $f(t)$ 在 t 处的右上导数和式(2-6)称为 $f(t)$ 在 t 处的右下导数,它们统称为 Dini 导数。

对于 Dini 导数,有如下三种特殊情况。

(1) 当 Dini 导数非正负无穷大时,Dini 导数恒存在。

(2) 若函数 $f(t)$ 满足局部 Lipschitz 条件时,则四个 Dini 导数均为有限。

(3) 只有当 4 个 Dini 导数均相等时,函数 $f(t)$ 的普通导数才存在。

2) K 类函数

定义 2.2[25]:若函数 $\gamma : \mathbb{R}_+ \to \mathbb{R}_+$ 为连续函数,满足 $\gamma(0) = 0$ 且从零开始严格单调上升,则函数 γ 为 K 类函数,记为 $\gamma \in K$。若函数 γ 为 K 类函数且无界,则 γ 为 K_∞ 类函数,记为 $\gamma \in K_\infty$。

定义 2.3[26]:若对 $t \geq 0$,$\beta(\cdot, t)$ 为 K 类函数,且对 $t > 0$,$\beta(s, \cdot)$ 为单调递减至零的函数,则函数 $\beta : \mathbb{R}_+ \times \mathbb{R}_+ \to \mathbb{R}_+$ 为 KL 类函数,记为 $\beta \in KL$。

3）线性矩阵不等式（Linear Matrix Inequality，LMI）

通常将一个线性矩阵不等式描述如下[24]：

$$F(x) = F_0 + x_1 F_1 + \cdots + x_m F_m \leqslant 0 \tag{2-7}$$

其中，$x_1, x_2, \cdots, x_m$ 为 m 个实数变量，表示为决策变量；$x = (x_1, x_2, \cdots, x_m)^T \in \mathbb{R}^m$ 为决策变量构成的向量；对 $i = 0, 1, \cdots, m$，$F_i = F_i^T \in \mathbb{R}^{n \times n}$ 为一组给定实对称矩阵，且 $F(x) < 0$ 代表 $F(x)$ 负定，即当 $\forall \upsilon \in \mathbb{R}^n$，$\upsilon \neq 0$ 时，$\upsilon^T F(x) \upsilon < 0$。

在诸多控制系统模型中，变量的描述通常为矩阵，Lyapunov 矩阵不等式为

$$F(x) = A^T X + X A + Q < 0 \tag{2-8}$$

其中，$A, Q \in \mathbb{R}^{n \times n}$ 为给定的常数矩阵；Q 为对称矩阵；$X \in \mathbb{R}^{n \times n}$ 为对称的待求矩阵。

设 $E_1, E_2, \cdots, E_m$ 为 S^n 中的一组量，存在 $x_1, x_2, \cdots, x_m$ 使得对任意对称矩阵 $X \in \mathbb{R}^{n \times n}$ 具有 $X = \sum_{i=1}^m x_i E_i$，同理

$$\begin{aligned} F(X) = F(\sum_{i=1}^m x_i E_i) &= A^T (\sum_{i=1}^m x_i E_i) + (\sum_{i=1}^m x_i E_i) A + Q \\ &= Q + x_1 (A^T E_1 + E_1 A) + \cdots + x_m (A^T E_m + E_m A) < 0 \end{aligned} \tag{2-9}$$

在线性矩阵不等式的转化问题中，常常会用到一个重要引理即 Schur 补引理，考虑一个矩阵 $S \in \mathbb{R}^{n \times n}$，并将 S 分块可得

$$S = \begin{pmatrix} S_{11} & S_{12} \\ S_{21} & S_{22} \end{pmatrix}, \ S_{12} = S_{21}^T,$$ 其中 S_{11} 为 $r \times r$ 维，若 S_{11} 为非奇异，则 $S_{22} - S_{21} S_{11}^{-1} S_{12}$ 称为 S_{11} 在 S 中的 Schur 补，以下给出 Schur 引理。

引理 2.1（Schur 补引理）：对于一个对称矩阵 $S = \begin{pmatrix} S_{11} & S_{12} \\ S_{21} & S_{22} \end{pmatrix}$，其中 S_{11} 为 $r \times r$ 维，可得如下三个条件等价，即

① $S < 0$。

② $S_{11} < 0$，$S_{22} - S_{21} S_{11}^{-1} S_{12} < 0$。

③ $S_{22} < 0$，$S_{11} - S_{12} S_{22}^{-1} S_{12} < 0$。

4）D-S（Dempster-Shafer）证据理论

信息融合一般是指将多个数据信息通过现代数学知识和信息技术进行分析后得出的对被测对象的一致描述和解释，从而实现所需的评估和决策的信息处理过程，这样得出的结论更为可信，更为准确，目前在国内外的研究中已越来越受重视。

D-S 证据理论是由 Dempster 首先提出，其后 Shafer 对其进行了补充和完善，因此称为 Dempster-Shafer 理论(简称 D-S 证据理论)[27]。D-S 证据理论通过将一个问题进行拆解得到一系列子问题，对子问题进行相应处理后，再运用 D-S 合成法则，可以得到问题的解，它是一种对不确定性的推理方法。

定义 2.4：将识别框架记为 Θ，识别框架为解决一个问题的所有可能方案的集合，集合中个元素相互独立，则函数 $m:2^{\Theta} \rightarrow [0,1]$ 满足如下两个条件。

① $m(\varnothing) = 0$。

② $\sum\limits_{A \subseteq \Theta} m(A) = 1$。

其中，$m(A)$ 为基本概率分配函数(Basic Probability Assignment，BPA)，其表示为对 A 的信任度，当满足 $m(A) > 0$ 时，A 称为焦元(focal element)。

定义 2.5：设 Θ 为识别框架，函数 $m:2^{\Theta} \rightarrow [0,1]$ 为基本概率函数，则定义函数如下：

$$\text{BEL} : 2^{\Theta} \rightarrow [0,1] \tag{2-10}$$

$$\text{BEL}(A) = \sum_{B \subseteq A} m(B) \tag{2-11}$$

其中，$\text{BEL} : 2^{\Theta} \rightarrow [0,1]$ 为 Θ 上的信任函数(belief function)；$\text{BEL}(A)$ 为 A 的所有子集信任度之和，由定义可知：$m(\varnothing) = 0$，$\text{BEL}(\Theta) = 1$。

定义 2.6：设 Θ 为识别框架，则定义基本概率函数 m 的似然函数(Plausibility Function)如下：

$$\text{pl}(A) = \sum_{B \cap A \neq \varnothing} m(B), \quad \forall A, B \in \Theta \tag{2-12}$$

其中，函数 $\text{pl} : 2^{\Theta} \rightarrow [0,1]$ 为似然函数，则 $\text{pl}(A)$ 为不否定 A 的信任度，是给定条件下，A 的最大信任度，$\text{pl}(A)$ 与 $\text{BEL}(A)$ 之间关系为

$$\text{pl}(A) = 1 - \text{BEL}(\bar{A}), \quad \forall A, \bar{A} \subseteq \Theta \tag{2-13}$$

定义 2.7(D-S 合成法则)：设 $m_1, m_2, \cdots, m_n$ 为相应的基本概率函数，则 BEL_1，$\text{BEL}_2, \cdots, \text{BEL}_n$ 为识别框架 Θ 上对应的 n 个信任函数，$A_1, A_2, \cdots, A_n$ 为对应的焦元，如果 $\text{BEL}_1 \oplus \text{BEL}_2 \oplus \cdots \oplus \text{BEL}_n$ 存在，且合成之后的基本概率函数为 $m(A)$，则有

$$m(A) = \begin{cases} \dfrac{\sum\limits_{A_1 \cap A_2 \cap \cdots \cap A_n = A} m_1(A_1) m_2(A_2) \cdots m_n(A_n)}{1 - \sum\limits_{A_1 \cap A_2 \cap \cdots \cap A_n = \varnothing} m_1(A_1) m_2(A_2) \cdots m_n(A_n)}, & A \neq \varnothing \\ 0, & A = \varnothing \end{cases} \tag{2-14}$$

其中，设 $k = 1 - \sum_{A_1 \cap A_2 \cap \cdots \cap A_n = \varnothing} m_1(A_1) m_2(A_2) \cdots m_n(A_n)$，则定义 k 为 D-S 证据理论的冲突系数，其取值范围为 $[0,1]$，则有如下两种情况。

① $0 \leqslant k < 1$ 时，证据不冲突，在该范围，当 k 值越大，冲突程度越大。

② $k = 1$ 时，完全冲突，D-S 合成法失效。

2.2.2 李雅普诺夫稳定性

1) 李雅普诺夫函数

李雅普诺夫 (Lyapunov) 函数又称为能量函数[24,28]，在李雅谱诺夫直接法中，若一个函数 $V(t, x)$ 满足稳定性基本定理，则称其为李雅普诺夫函数或能量函数，在数学上一般用一类二次型函数描述，下面介绍几个重要的定义。

设 $\Omega \subset \mathbb{R}^n$，$\Omega$ 为包括原点的 n 维开子集，$W = C[\Omega, \mathbb{R}_+^1]$，$W(0) = 0$，$V(t, x) = C[I \times \Omega, \mathbb{R}_+^1]$ 和 $V(t, 0) \equiv 0$。

定义 2.8：若在 Ω 上，$W(x) \geqslant 0$（或 $-W(x) \geqslant 0$），且 $W(x) = 0$ 仅有零解 $x = 0$，则称函数 $W(x)$ 在 Ω 上为正定（或负定）。

定义 2.9： 若在 Ω 上，$W(x) \geqslant 0$（或 $-W(x) \geqslant 0$），且 $W(x) = 0$ 有非零解 $x = x_0 \neq 0$，则称函数 $W(x)$ 在 Ω 上为半正定（或半负定）。

定义 2.10（变号性）：若有 $V(t, x)$、$W(x)$ 在其定义域上既可能为正，也可能为负，则称这两个函数在其定义域上为变号的。

定义 2.11（无穷大正定函数）：若 $W(x)$ 为正定，且 $\| x \| \to \infty$ 时，$W(x) \to +\infty$，则 $W(x)$ 在 $\mathbb{R}^n$ 上有一个无穷大正定函数，也称为径向无界正定函数。

定义 2.12：若函数 $W(x)$ 为正定（或负定）函数，存在 $V(t, x) \geqslant W(x)$（或 $V(t, x) \leqslant W(x)$），在 $[I \times \Omega]$ 上成立，且 $V(t, 0) = 0$，则称函数 $V(t, x) \in C[I \times \Omega, \mathbb{R}_+^1]$ 为正定（或负定）的，若 $V(t, x) \geqslant 0$（$-V(t, x) \geqslant 0$），则称函数 $V(t, x)$ 在 $[I \times \Omega]$ 半正定（或半负定）。

定义 2.13：若函数 $W_1(x)$ 正定，且 $|V(t, x)| \leqslant W_1(x)$，则 $V(t, x) \in C[I \times \Omega, \mathbb{R}_+^1]$ 为无穷小上界函数；若存在无穷大正定函数 $W_2(x)$，满足 $V(t, x) \geqslant W_2(x)$，则称 $V(t, x)$ 具有无穷下界或径向无界。

2) 李雅普诺夫稳定[24]

稳定性的重要性毋庸置疑，关于它的研究历史十分悠久，从近代的物理学家托里斯利，到数学家拉普拉斯、拉格朗日都提出过稳定性的概念，但是都没有给出十分精确的定义和严格的证明方法。直到 1892 年，俄罗斯著名稳定性科学家李雅普诺夫在其博士毕业论文中给出了稳定性的精确的数学定义及判断方法，从此成为现代稳定性研究起始，并成为了系统稳定性研究的一般性理论。李雅普诺夫稳定性理论通过使用状态变量来描述，即可以用于线性的、单个变量的定常系统，也适合非线性的、多个变量的时变系统。李雅普诺夫总结出了两种判定系统稳定性问题的方法，即李雅普诺夫第一方法与李雅普诺夫第二方法，这两种方法已成为目前对系统的稳定性进行科学研究的一般方法[29,30]。

李雅普诺夫第一方法也称间接方法，该方法是通过求解线性系统微分方程，由求出的解来对系统的稳定进行判定。对于一般的线性的定常系统，首先求出特征根，由根对系统的稳定进行判定，而处理非线性系统时，一般要求系统的非线性程度不能太大，则可以将系统线性化后，再求出特征根判定。李雅普诺夫第二方法又被称为直接法，该方法是通过经验和技巧构造出李雅普诺夫函数，而非求解系统方程，可以直接由李雅普诺夫函数对系统的稳定进行判定。直接法是从能量的观点出发构造了一个能量函数即李雅普诺夫函数，若一个系统受到激励，它所存储的能量随时间的增长而逐渐减少，进入平衡状态，系统的能量会降低到最小，此状态即为渐近稳定；而若系统受激励后从外界吸收能量，随时间增长，系统存储的能量在不断增长，当到达平衡状态时，能量达到最大，则此种状态即为不稳定。下面将重点介绍李雅普诺夫稳定性理论的几个重要定义以及直接法的几个重要定理。

(1)李雅普诺夫稳定性理论的定义。

首先假设系统方程为

$$\dot{x} = f(x,t) \tag{2-15}$$

其中，x 为 n 维的状态向量，并包含时间变量 t；$f(x,t)$ 为 n 维向量函数，将其展开为

$$\dot{x}_i = f(x_1, x_2, \cdots, x_n, t), \quad i = 1, 2, \cdots, n \tag{2-16}$$

设式(2-15)解为 $x(t; x_0, t_0)$；x_0 为起始状态向量；t_0 为起始时刻；初始条件为 $x(t; x_0, t_0) = x_0$。

关于式(2-15)的几个重要定义如下。

定义 2.14(平衡状态)：李雅普诺夫理论研究的平衡状态，即对 $\forall t$，有

$$\dot{x}_e = f(x_e, t) = 0 \tag{2-17}$$

则状态 x_e 即为平衡状态。

定义 2.15(李雅普诺夫稳定性)：设系统起始时处于以 x_e 作为球心，δ 作为半径的闭球域 $S(\delta)$ 内，即

$$\| x_0 - x_e \| \leqslant \delta, \quad t = t_0 \tag{2-18}$$

若方程的解 $x(t;x_0,t_0)$，在 $t \to \infty$ 的过程中，都处于 x_e 作为球心，ε 为任意规定半径的闭球域 $S(\varepsilon)$ 内，即满足

$$\| x(t;x_0,t_0) - x_0 \| \leqslant \varepsilon, \quad t \geqslant t_0 \tag{2-19}$$

则称 x_e 为李雅普诺夫意义下的稳定性，其平面几何表示图如图 2-11(a) 所示。

定义 2.16(渐近稳定性)：若 x_e 为李雅普诺夫意义下的稳定性，且满足

$$\lim_{t \to \infty} \| x(t;x_0,t_0) - x_e \| = 0 \tag{2-20}$$

其中，此时的平衡状态为渐近稳定性，渐近稳定的平面几何表示图如图 2-11(b) 所示，从 $S(\delta)$ 开始运行的轨迹不会超过 $S(\varepsilon)$，且当 $t \to \infty$ 时，式(2-15)可以收敛至 x_e。若 δ 和式(2-20)的极限过程均与 t_0 无关，则该时刻的平衡状态即可称为一致渐近稳定性。

定义 2.17(大范围(全局)渐近稳定性)：若将起始状态扩大到整个状态空间，而且平衡状态都具有了渐近稳定性时，将此时的平衡状态称为大范围渐近稳定性。即 $\delta \to \infty$，$S(\delta) \to \infty$ 时，当 $t \to \infty$，则从状态空间中任何点开始运行的轨迹最后都会收敛于 x_e。

定义 2.18(指数稳定)：若 $\exists \varepsilon > 0$，$\forall \delta > 0$，$\alpha > 0$ 在 $S(\delta)$ 内总存在一个状态 x_0，并使由此状态出发的轨迹满足

$$\| x(t;x_0,t_0) - x_e \| \leqslant \varepsilon e^{-\alpha(t-t_0)} \tag{2-21}$$

则称此平衡状态为李雅普诺夫意义下的指数稳定性。

定义 2.19(不稳定性)：若存在实数 $\varepsilon > 0$，$\forall \delta > 0$，且无论此两个实数有多小，在 $S(\delta)$ 内总存在一个状态 x_0，并使由此状态出发的轨迹超过 $S(\varepsilon)$，则此平衡状态 x_e 称作不稳定性，不稳定几何表示图如图 2-11(c) 所示。

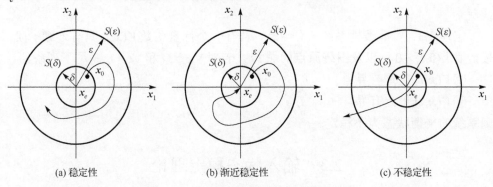

(a) 稳定性　　　　　　　　(b) 渐近稳定性　　　　　　　(c) 不稳定性

图 2-11　有关稳定性的平面几何表示图

(2)李雅普诺夫稳定性基本定理。

由于李雅普诺夫第一方法即间接法需要对线性系统微分方程进行求解，而求

解微分方程一般很难且复杂，所以间接法使用的并不多，而第二方法则不需要求解微分方程，极大方便了对系统稳定性的判定，所以使用十分广泛，下面主要介绍李雅普诺夫第二方法的一些重要的基本定理。

定理 2.1：设一个非线性系统为

$$\dot{x} = f(x,t), \quad t \geq t_0 \tag{2-22}$$

其中，当 $f(0,t)=0$ 时，即系统的平衡状态设置为状态空间的原点，若存在对 x 和 t 具有连续的一阶偏导的标量函数 $V(x,t)$，而 $V(0,t)=0$，并满足下列三个条件。

① $V(x,t)$ 函数正定有界，设有两个连续非减标量函数 $\alpha(\|x\|)$ 与 $\beta(\|x\|)$，且满足 $\alpha(0)=0$ 和 $\beta(0)=0$，使得对 $\forall t \geq t_0$ 和 $\forall x \neq 0$，有

$$\beta(\|x\|) \geq V(x,t) \geq \alpha(\|x\|) > 0 \tag{2-23}$$

② $\dot{V}(x,t)$ 为负定有界，设有一个连续非减标量函数 $r(\|x\|)$，且有 $r(0)=0$，使得对 $\forall t \geq t_0$ 和 $\forall x \neq 0$ 都有

$$\dot{V}(x,t) \leq -r(\|x\|) < 0 \tag{2-24}$$

③当 $\|x\| \to \infty$ 时，$\alpha(\|x\|) \to \infty$，$V(x,t) \to \infty$。

则系统的原点平衡状态就被称为大范围一致渐近稳定。

定理 2.2：对于非线性系统式 (2-22)，设有连续的一阶偏导数的标量函数 $V(x,t)$，并满足下列条件。

①函数 $V(x,t)$ 为正定。

② $\dot{V}(x,t)$ 为负半定。

③当 $x_0 \neq 0$，对 $\forall t_0$ 满足 $t \geq t_0$ 时，若 $\dot{V}[x(t; x_0, t_0), t] \equiv 0$，则系统原点的平衡状态就被称为李亚普诺夫稳定的，其中的 $x(t; x_0, t_0)$ 表示在 t_0 时，从 x_0 出发的轨迹或解。

定理 2.3：对非线性系统式 (2-22)，若有一个标量函数 $V(x,t)$ 具有连续一阶导数，且 $V(0,t)=0$，以及围绕原点的域 Ω，若对 $\forall x \in \Omega$ 和 $\forall t \geq t_0$ 满足下列条件。

① $V(x,t)$ 正定有界。

② $\dot{V}(x,t)$ 正定有界。

则系统的平衡状态为不稳定。

2.3　输入状态稳定理论

在对系统稳定性的研究过程中，往往需要考虑存在外部输入时对系统的影响，因此引入了输入状态稳定性 (ISS) 理论[31,32]，即为系统的状态响应在有界的外部信

号激励之下能够停留在有界的范围内，详细来说，即对任意有界的外部输入，并且初始条件也为有界，则状态总是有界，且系统在外部输入为零时，总有能力恢复到平衡点，下面将详细介绍 ISS 的一些重要定义和定理。

设一个非线性系统如下：

$$\dot{x} = f(x,u) \tag{2-25}$$

其中，$x \in \mathbb{R}^n$ 表示 n 维状态变量，$u \in \mathbb{R}^m$ 表示 m 维输入变量，$f(0,0) = 0$，在 $\mathbb{R}^n \times \mathbb{R}^m$ 中，$f(x,u)$ 满足局部 Lipschitz 条件。$u:[0,\infty) \to \mathbb{R}^m$ 表示分段连续有界函数，在系统中表示输入函数，其范数形式定义为

$$\| u(\cdot) \|_\infty = \sup_{t \geq 0} \| u(t) \| \tag{2-26}$$

定义 L_∞^m 为满足式 $(2\text{-}26)$ 条件的所有 u 函数的集合。

定义 2.20：对于系统式 $(2\text{-}21)$，若存在 K 类函数 $\gamma(\cdot)$ 与 KL 类函数 $\beta(\cdot,\cdot)$，使得对任意初值 $x^0 \in \mathbb{R}^n$，任意输入 $u(\cdot) \in L_\infty^m$，且初始条件为 $x(0) = x^0$ 时，系统解 $x(t)$ 满足

$$\| x(t) \| \leq \max \{ \beta(\| x^0 \|, t), \gamma(\| u(\cdot) \|_\infty) \}, \quad t \geq 0 \tag{2-27}$$

则称系统式 $(2\text{-}21)$ 为输入状态稳定，$\gamma(\cdot)$ 也被称为增益函数。

定义 2.21：设 $V(\cdot) \in \mathbb{C}^1$，若存在 K 类函数 $\chi(\cdot)$ 及 K_∞ 类函数 $\underline{\alpha}(\cdot)$、$\overline{\alpha}(\cdot)$ 和 $\alpha(\cdot)$ 使得

$$\underline{\alpha}(\| x \|) \leq V(x) \leq \overline{\alpha}(\| x \|), \quad x \in \mathbb{R}^n \tag{2-28}$$

$$\| x(t) \| \geq \chi(\| u(t) \|) \Rightarrow \frac{\partial V}{\partial x} f(x,u) \leq -\alpha \| x(t) \|, \quad x \in \mathbb{R}^n \tag{2-29}$$

则 $\gamma(\cdot)$ 又称为系统式 $(2\text{-}21)$ 的一个 ISS-Lyapunov 函数。

定理 2.4：系统式 $(2\text{-}24)$ 具有输入状态稳定的充要条件为该系统有一个 ISS-Lyapunov 函数。

系统式 $(2\text{-}24)$ 具有 ISS 的另一个充要条件通过定理 2.5 给出。

定理 2.5：系统式 $(2\text{-}24)$ 具有输入状态稳定的充要条件为：存在 K 类函数 $\gamma_0(\cdot)$ 和 $\gamma(\cdot)$，使得对任意初值 $x^0 \in \mathbb{R}^n$，任意输入 $u(\cdot) \in L_\infty^m$，初始条件为 $x(0) = x^0$ 时，系统解 $x(t)$ 满足

$$\| x(\cdot) \|_\infty \leq \max \{ \gamma_0(x^0), \gamma(\| u \|_\infty) \} \tag{2-30}$$

$$\limsup_{t \to \infty} \| x \| \leq \gamma(\limsup_{t \to \infty} \| u(t) \|) \tag{2-31}$$

2.4　本章小结

　　本章对本书的所应用到的数学和控制知识进行了介绍，主要阐述了对 DG 单元的下垂控制、恒功率控制和恒压恒频控制技术，并对微电网主要控制技术进行了简要说明；其次重点对稳定性，尤其是 Lyapunov 函数及其稳定性的相关理论进行了说明和介绍，最后对输入状态稳定理论进行了描述。

参　考　文　献

[1]　张建华, 黄伟. 微电网运行、控制与保护技术. 北京: 中国电力出版社, 2010.

[2]　米阳, 宋根新, 蔡杭谊, 等. 基于分段下垂的交直流混合微电网自主协调控制. 电网技术, 2018, 42 (12): 3941-3950.

[3]　王树东, 邱进亮, 丁汀, 等. 孤岛模式下混合微电网改进下垂控制. 自动化与仪表, 2018, 33 (10): 23-27.

[4]　李茵, 苏建徽, 徐华电, 等. 并网逆变器的 VSG/PQ 控制及其平滑切换方法. 电力电子技术, 2019, 53 (7): 111-114.

[5]　朱小芬, 黄科元, 黄守道. 一种稳定的高速永磁同步电机 V/f 控制方法. 电力电子技术, 2018, 52 (7): 28-32.

[6]　王凌云, 周璇卿, 李升, 等. 基于改进功率环的微电网对等控制策略研究. 中国电力, 2017, 50 (9): 171-177.

[7]　谈竹奎, 徐玉韬, 班国邦, 等. 基于主从控制的交直流混合微电网多模式运行与切换策略. 电气技术, 2018, 19 (9): 60-64.

[8]　朱永强, 王福源, 赵娜. 主从控制混合微电网中互联变流器控制策略. 电力建设, 2018, 39 (8): 102-110.

[9]　黄鑫, 汪可友, 李国杰, 等. 含多并联组网 DG 的微电网分层控制体系及其控制策略. 中国电机工程学报, 2019, 39 (13): 3766-3776.

[10]　Katiraei F, Iravani M R. Power management strategies for a microgrid with multiple distributed generation units. IEEE Transactions on Power Systems, 2006, 21 (4): 1821-1831.

[11]　Achilles S, Poller M. Direct drive synchronous machine models for stability assessment of wind farms//The 4th International Workshop on Large Scale Integration of Wind Power and Transmission Networks for Offshore Wind Farms, Denmark, 2003.

[12]　Jayawarna N, Wu X, Zhang Y, et al. Stability of a microgrid//The 3rd IET International Conference on Power Electronics, Machines and Drives, 2006.

[13] Katiraei F. Dynamic analysis and control of distributed energy resources in a micro-grid. Toronto: University of Toronto, 2005.

[14] Lopes J A P, Moreira C L, Madureira A G, et al. Control strategies for microgrids emergency operation//The International Conference on Future Power Systems, 2005, Amsterdam.

[15] Lopes J A P, Moreira C L, Madureira A G. Defining control strategies for micro grids islanded operation. IEEE Transactions on Power Systems, 2006, 21(2): 916-924.

[16] Dou C X, Liu B. Transient control for micro-grid with multiple distributed generations based on hybrid system theory. International Journal of Electrical Power & Energy Systems, 2012, 42(1): 408-417.

[17] Dimeas A L, Hatziargyriou N D. A MAS architecture for microgrids control//The 13th International Conference on Intelligent Systems Application to Power Systems, Washington, 2005.

[18] Dou C X, Liu B, Guerrero J M. MAS based event-triggered hybrid control for smart microgrids//The 39th Annual Conference of the IEEE Industrial ELectronics Society, Vienna, 2013.

[19] Dou C X, Liu B, Guerrero J M. Event-triggered hybrid control based on multi-agent systems for microgrids. IET Generation, Transmission & Distribution, 2014, 8(12): 1987-1997.

[20] Dou C X, Liu B. Hierarchical hybrid control for improving comprehensive performance in smart power system. International Journal of Electrical Power and Energy Systems, 2012, 43(1): 595-606.

[21] Dou C X, Liu B. Multi-agents based hierarchical hybrid control for smart microgrids. IEEE Transactions on Smart Grid, 2013, 4(2): 771-778.

[22] Dou C X, Liu B. Hierarchical management and control based on MAS for distribution grid via intelligent mode switching. International Journal of Electrical Power & Energy Systems, 2014, 54: 352-366.

[23] Liu B, Hill D J. Interval exponential input-to-state stability for switching impulsive systems with application to hybrid control for micro-grids//The IEEE Conference on Control Applications, Sydney, 2015.

[24] 廖晓昕. 稳定性的理论、方法和应用. 2版. 武汉: 华中科技大学出版社, 2010.

[25] Liu B, Dou C X, Hill D J. Robust exponential input-to-state stability of impulsive systems with an application in micro-grids. Systems & Control Letters, 2014, 65: 64-73.

[26] Liu B, Hill D J, Sun Z J. Stabilization to input-to-state stability for continuous-time dynamical systems via event-triggered impulsive control with three levels of events. IET Control Theory & Applications, 2018, 12(9): 1167-1179.

[27] 龚本刚. 基于证据理论的不完全信息多属性决策方法研究. 合肥: 中国科学技术大学, 2007.

[28] 廖晓昕. 动力系统的稳定性理论和应用. 北京: 国防工业出版社, 2001.

[29] 胡寿松. 自动控制原理. 5 版. 北京: 科学出版社, 2007.

[30] 姚靖. 基于混合系统理论的微电网控制及稳定性研究. 株洲: 湖南工业大学, 2015.

[31] Sontag E D. Smooth stabilization implies coprime factorization. IEEE Transactions on Automatic Control, 1989, 34(4): 435-443.

[32] Sontag E D. Nonlinear and Optimal Control Theory. New York: Springer, 2008.

第 3 章　连续系统与微电网事件触发的脉冲控制

微电网具有混合的单元结构，并且各发电单元受到各种客观因素(例如，光照的变化、风力的变化、外界的干扰和内部设备参数的漂移等)影响，使得微电网的电压具有明显的不稳定性。本章考虑通过事件触发机制，为微电网设计基于事件触发的混合控制方案，以使得整个微电网的电压在所要求的安全稳定区域内。为此，从控制的角度，对连续系统给出事件触发的脉冲混合控制的原理与获得指数稳定的判据，然后结合具体的微电网模型，并给出微电网事件触发的混合控制方案与数值模拟。

3.1　连续系统基于事件触发的脉冲控制

3.1.1　概述

针对网络控制系统，研究人员提出一种基于状态的事件触发控制(ETC)方案。在这种控制方案中，基于状态的事件触发控制由一些事先设定的事件触发条件产生[1,2]。利用这种控制机制，使得系统可根据其当前状态自适应地调整采样率，因此可避免不必要的通信，也可提高有限网络带宽的利用率。在事件触发控制的研究工作中，已经有多位研究者做出了相关的成果，具体包括：在输入状态稳定框架内集中式或分散式 ETC[1,3]；对线性系统基于输出的分散式 ETC[2,4]；对互连子系统的分布式 ETC[5,6]；分布式 ETC 同步控制[7]；通过时滞系统方法的 ETC[8]；对随机系统的 ETC[9,10]以及对离散时间系统的 ETC[11-14]。近几年来，研究者们对事件触发控制的研究由线性系统转入非线性系统，研究主要包括：通过小增益方法对非线性系统进行量化和鲁棒的事件触发控制[15,16]。然而，这些对事件触发控制的研究工作主要集中在相对简单的动态系统或网络(如一阶积分器)，这些研究结果无法扩展到具有更一般的复杂动态网络或系统。

本章通过事件触发的脉冲控制(ETIC)，研究了具有外部输入/干扰的连续时间动态系统(CDS)输入状态稳定(ISS)问题，提出了一种三区域的 ETIC 方案，其中对于三区域的 ETIC 设计，主要基于以下三个关键指标：阈值、无控制指标和检查周期，分别研究了具有时滞的 ETIC(Delay ETIC)和 ETIC 下 CDS 的 ISS 或 EISS，并推导出在 ETIC 下 CDS 的 ISS 判据。通过设计 ETIC(有或无时滞)使得 CDS 稳定，且考虑 ETIC 的丢包问题，估计了最大允许丢包率（Maximal Allowable Dropout Rate，MADR）。尽管大的时滞可能导致系统的收敛速度过慢，但结果表明所提出的 ETIC 优于已提出的事件触发控制，且对网络引起的时滞具有鲁棒性。

3.1.2　连续时间动态系统模型

考虑具有外部输入或扰动的 CDS 为

$$S:\begin{cases} \dot{x} = f(t,x,w), & t \geq t_0 \\ x(t_0^+) = x_0 \end{cases} \tag{3-1}$$

其中，系统状态 $x(t) \in \mathbb{R}^n$；外部输入或扰动 $w:\mathbb{R}_+ \to \mathbb{R}^m$，对 $s_1 < s_2 \in \mathbb{R}_+$，$t \in \mathbb{R}_+$，$\|w\|_{[s_1,s_2]} \stackrel{\text{def}}{=} \sup_{s_1 \leq x \leq s_2}\{\| w(t)\|\}$，$\|w\|_\infty \stackrel{\text{def}}{=} \sup\{\| w(t)\|\}$，且 $w(0) = 0$ 和 $\|w\|_\infty < \infty$；向量空间 $f:\mathbb{R}_+ \times \mathbb{R}^n \times \mathbb{R}^m \to \mathbb{R}^n$，且满足 $f \in F$，其中 F 是由多个向量场组成的集合，且对 $\forall t \geq t_0$，有 $f(t,0,0) = 0$；$x(t_0^+) = x_0$ 为初始条件。

假设 3.1：CDS 式（3-1）的状态是可测的且存在类 Lyapunov 函数 $V:\mathbb{R}^n \to \mathbb{R}_+$，则可得

$$c_1 \| x \|^r \leq V(x) \leq c_2 \| x \|^r, \quad \forall x \in \mathbb{R}^n \tag{3-2}$$

$$D^+V \mid_{(3-1)} \leq \rho V(x), \quad \forall V(x) \geq K_w \| w \| \tag{3-3}$$

其中，c_1、c_2、r、ρ、K_w 为正常数；$D^+V \mid_{(3-1)}$ 为 V 函数沿 CDS 式（3-1）的 Dini 导数。

1）ETC 方案

事件触发控制在保证控制系统正常运行的前提下，利用系统中某个确定事件的发生与否来触发控制任务的执行，即"按需"执行。ETC 原理如图 3-1 所示，其中 $x(t)$ 为系统的状态，x_k 为系统的采样状态，$u(t)$ 为控制输入，$\omega(t)$ 为外部干扰。由图 3-1 可知，事件触发器负责检测采样器采样事件的触发状况。在连续的两次触发时间点内，事件触发器的触发条件将影响控制系统的性能及稳定性。为了避免这种情况的发生，将其中事件检测器的检测发生在下一次采样时刻，即不用进行连续检测，只需要在离散时刻点检测事件是否触发。事件触发就是在保证系统正常运行（保持系统稳定性）的前提下，设置一个已知的触发条件，利用系统中某个确定的具体事件发生与否来完成控制任务的传递，即"按需"执行。

2）ETIC 方案

ETIC 设计的三个关键指标：阈值 $\sigma_{\max} > 1$，无控制指标 $\sigma_{\min} < 1$，检查周期 $\Delta > 0$（一般为一个相对较大的实数）。在此，定义

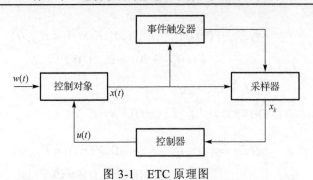

图 3-1　ETC 原理图

$$E_{\max}(t) \overset{\text{def}}{=} \sigma_{\max} V(x(t_{k-1}^+)) + K_w \parallel w \parallel_{[t_{k-1},t]}$$

$$E_{\min}(t) \overset{\text{def}}{=} \sigma_{\min} V(x(t_{k-1}^+)) + K_w \parallel w \parallel_{[t_{k-1},t_{k-1}+\Delta]}$$

设计第 k 个事件的条件和相关 ETIC 中的 $(u(t_k), t_k)$，具体 ETIC 原理图如图 3-2 所示，其中，$m(t_k) = V(x(t))$，$\lambda_{ik} = e^{\theta_{ik}}$，另外，定义

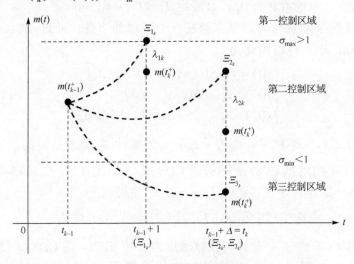

图 3-2　ETIC 原理图

$$\text{L-1:}\begin{cases} \ddot{\Xi}_{1_k} \overset{\text{def}}{=} \{\exists t \in (t_{k-1}, t_{k-1} + \Delta] : V(x(t)) \geqslant E_{\max}(t)\} \neq \varnothing, \\ \text{且}\, t_k \overset{\text{def}}{=} \min\{t : t \in \Xi_{1_k}\}, \\ \text{则}\, u(t) : x(t^+) = I_{1k}(x(t)), \quad t = t_k \end{cases} \tag{3-4}$$

$$\text{L-2}:\begin{cases} \text{若}\, \Xi_{2_k} \overset{\text{def}}{=} \{\forall t \in (t_{k-1}, t_{k-1}+\Delta]: V(x(t)) < E_{\max}(t), \\ \qquad\qquad V(x(t_{k-1}+\Delta)) \geqslant E_{\min}(t)\} \neq \varnothing \\ \text{且}\, t_k \overset{\text{def}}{=} t_{k-1}+\Delta, \\ \text{则}\, u(t): x(t^+) = I_{2k}(x(t)), \quad t = t_k \end{cases} \tag{3-5}$$

$$\text{L-3}:\begin{cases} \text{若}\, \Xi_{3_k} \overset{\text{def}}{=} \{\forall t \in (t_{k-1}, t_{k-1}+\Delta]: V(x(t)) < E_{\max}(t), \\ \qquad\qquad V(x(t_{k-1}+\Delta)) < E_{\min}(t)\} \neq \varnothing, \\ \text{且}\, t_k \overset{\text{def}}{=} t_{k-1}+\Delta, \\ \text{则}\, u(t): x(t^+) = I_{3k}(x(t)) = x(t), \quad t = t_k \end{cases} \tag{3-6}$$

其中，$k \in \mathbb{N}$；I_{ik} 为控制函数，且对 $i=1,2,3$，$I_{3k}(x) \equiv x$，且满足

$$V(I_{ik}(x(t)) \leqslant \mathrm{e}^{\theta_{ik}} V(x(t)) \tag{3-7}$$

其中，$i=1,2,3$，系统增益为 θ_{ik}，且满足 $\theta_{1k} \leqslant \theta_{2k} < \theta_{3k} = 0$。

显然，在每个触发瞬间，最多触发一个区域的事件，通过 ETIC 式(3-4)～式(3-7)，CDS 式(3-1)可简化为

$$\begin{cases} \dot{x}(t) = f(t, x(t), w(t)), & t \in (t_{k-1}, t_k] \\ x(t^+) = I_k(x(t)), & t = t_k \\ x(t_0^+) = x_0, & k \geqslant 1, \quad k \in \mathbb{N} \end{cases} \tag{3-8}$$

其中，若 $i=1,2,3$，Ξ_{i_k} 触发，则 $I_k \overset{\text{def}}{=} I_{ik}$；$t_k$ 为事件 Ξ_{i_k} 触发的瞬间。

定义 3.1：若 CDS 式(3-8)是 ISS，则 CDS 式(3-1)是在 ETIC 式(3-4)～式(3-7)下稳定到 ISS，即存在函数 $\beta \in KL$ 和 $\psi \in K_\infty$，使得满足

$$\| x(t) \| \leqslant \beta(\| x_0 \|, t-t_0) + \psi(\| w \|_{[t_0, t]}), \quad t \geqslant t_0$$

同理，若 CDS 式(3-8)是具有收敛速度为 α 的 EISS，则 CDS 式(3-1)在 ETIC 式(3-4)～式(3-7)下以 $\alpha > 0$ 的收敛速度指数稳定到 ISS，即对常数 $K_1 > 0$ 和 $\psi \in K_\infty$，满足

$$\| x(t) \| \leqslant K_1 \mathrm{e}^{-\alpha(t-t_0)} \| x_0 \| + \psi(\| w \|_{[t_0, t]}), \quad t \geqslant t_0$$

定义 3.2：若 $\forall x_0 \in \mathbb{R}^n$，存在脉冲瞬间序列 $\{t_k\}$，满足对常数 $\delta > 0$，有

$$t_k - t_{k-1} \geqslant \delta > 0, \quad \forall k \geqslant 1, \quad k \in \mathbb{N} \tag{3-9}$$

则可称 ETIC 式(3-4)～式(3-7)具有非 Zeno 行为。

3.1.3　ETIC 下 CDS 的稳定性分析

在 ETIC 方案中，对 $k \in \mathbb{N}$，定义阈值 σ_k 和系统增益 θ_k 分别为

$$\sigma_k \overset{\text{def}}{=} \begin{cases} \sigma_{\max}, & \text{若} \, \varXi_{i_k} \text{触发且} i = 1, 2 \\ \sigma_{\min}, & \text{若} \, \varXi_{i_k} \text{触发且} i = 3 \end{cases}$$

$$\theta_k \overset{\text{def}}{=} \theta_{ik}, \quad \text{若} \, \varXi_{i_k} \text{触发且} i = 1, 2, 3$$

1）ETIC 下 CDS 的 ISS

定理 3.1：为实现 CDS 式(3-1)稳定到 ISS，对 $k \in \mathbb{N}$，系统增益 θ_k 需满足

$$\sum_{j=0}^{k} (\theta_j + \ln \sigma_j) \to -\infty, \quad k \to \infty \tag{3-10}$$

$$\sum_{i=1}^{k} e^{\sum_{j=i}^{k} (\theta_j + \ln \sigma_j)} < +\infty, \quad k \geq 1, \quad k \in \mathbb{N} \tag{3-11}$$

此外，若对常数 $\alpha > 0$ 和 $\eta > 0$，CDS 式(3-1)在 ETIC 式(3-4)～式(3-7)下以 $\alpha / (r\varDelta)$ 的收敛速度指数稳定到 ISS，则有

$$\sum_{j=i}^{k} (\theta_j + \ln \sigma_j) \leq \eta - a(k - i), \quad \forall k \geq 1, \quad k \in \mathbb{N} \tag{3-12}$$

为证明定理 3.1，需要引入引理 3.1。

引理 3.1：ETIC 式(3-4)～式(3-7)具有非 Zeno 行为。

证明：在 ETIC 下，为证明式(3-9)成立，即 ETIC 式(3-4)～式(3-7)具有非 Zeno 行为，则需存在 δ 满足

$$\delta = \min\{\varDelta, (\ln \sigma_{\max}) / \rho\} > 0 \tag{3-13}$$

因此

$$0 < \delta < t_k - t_{k-1} \leq \varDelta, \quad \forall k \geq 1, \quad k \in \mathbb{N} \tag{3-14}$$

则由式(3-14)可推导出式(3-9)成立。

比较事件 $\varXi_{1_k}$、$\varXi_{2_k}$ 和 $\varXi_{3_k}$ 的触发条件，可得式(3-14)的右侧成立，即对 $\forall k \geq 1$，且 $k \in \mathbb{N}$，有 $t_k - t_{k-1} \leq \varDelta$。

若 t_k 为区域 L-2 或区域 L-3 内的事件触发瞬间，则 $t_k = t_{k-1} + \varDelta \geq t_{k-1} + \delta$，因此可推导出式(3-14)的左侧成立。

另外，在区域 L-1 中，当且仅当事件 $\varXi_{1_k}$ 在 t_k 瞬间发生，即在 $t = t_k$ 瞬间时，存

在 $V(x(t)) \geqslant \sigma_{\max} V(x(t_{k-1}^+)) + K_w \| w \|_{[t_{k-1},t]}$ ；但对于 $t \in (t_{k-1}, t_k)$ 时，存在 $V(x(t)) < \sigma_{\max} V(x(t_{k-1}^+)) + K_w \| w \|_{[t_{k-1},t]}$ 。

对 $t \in (t_{k-1}, t_k]$，由假设 3.1 中的式(3-3)可得

$$V(x(t)) \leqslant e^{\rho(t-t_{k-1})} V(x(t_{k-1}^+)) + K_w \| w \|_{[t_k,t]} \qquad (3\text{-}15)$$

由式(3-13)和式(3-15)可推导出，对 $\forall s \in [0, \delta]$，有

$$
\begin{aligned}
V(x(t_{k-1}+s)) &\leqslant e^{\rho s} V(x(t_{k-1}^+)) + K_w \| w \|_{[t_{k-1}, t_{k-1}+s]} \\
&\leqslant \sigma_{\max} V(x(t_{k-1}^+)) + K_w \| w \|_{[t_{k-1}, t_k]} \\
&\leqslant V(x(t_k))
\end{aligned}
\qquad (3\text{-}16)
$$

因此，若事件 $\varXi_{1_k}$ 在 t_k 瞬间触发，则需满足 $t_k \geqslant t_{k-1} + \delta$，因此式(3-14)的左侧成立，故对 $\forall k \in \mathbb{N}$，式(3-14)成立。

证明：ETIC 式(3-4)～式(3-7)具有非 Zeno 行为。

首先，通过引理 3.1 和式(3-14)，对 $\forall k \in (t_k, t_{k+1}]$，且 $k \in \mathbb{N}$，可得

$$(k+1)\delta \leqslant t - t_0 \leqslant (k+1)\varDelta \qquad (3\text{-}17)$$

由此可得，CDS 式(3-1)在 ETIC 式(3-4)～式(3-7)下稳定到 ISS。

由 ETIC 式(3-4)～式(3-7)，可得

$$V(x(t)) \leqslant \sigma_{\max} V(x(t_k^+)) + K_w \| w \|_{[t_k,t]}, \quad k \in (t_k, t_{k+1}) \qquad (3\text{-}18)$$

若 $\varXi_{1_k} \bigcup \varXi_{2_k} = \varOmega_k$，即 $\varXi_{3_k} = \varnothing$，且当 $i = 1, 2$ 时，$\varXi_{i_k}$ 中的一个事件在 $(t_{k-1}, t_{k-1} + \varDelta]$ 内触发，然后通过 CDS 式(3-8)，可得

$$
\begin{aligned}
V(x(t_k^+)) &\leqslant e^{\theta_{ik}} V(x(t_k)) \\
&\leqslant \sigma_{\max} e^{\theta_{ik}} V(x(t_{k-1}^+)) + K_w e^{\theta_{ik}} \| w \|_{[t_{k-1}, t_k]}, \quad 若 \varXi_{i_k} 触发, i = 1, 2
\end{aligned}
\qquad (3\text{-}19)
$$

若 $\varXi_{1_k} \bigcup \varXi_{2_k} = \varnothing$，则事件 $\varXi_{3_k}$ 在 $(t_{k-1}, t_{k-1} + \varDelta]$ 内触发，则 $t_k = t_{k-1} + \varDelta$ 和 $V(x(t_k^+)) = V(x(t_k)) = V(x(t_{k-1} + \varDelta))$，可得

$$
\begin{aligned}
V(x(t_k^+)) &\leqslant \sigma_{\min} V(x(t_{k-1}^+)) + K_w \| w \|_{[t_{k-1}, t_k]} \\
&\leqslant \sigma_{\min} e^{\theta_{3k}} V(x(t_{k-1}^+)) + K_w e^{\theta_{3k}} \| w \|_{[t_{k-1}, t_k]}, \quad 若 \varXi_{3_k} 触发
\end{aligned}
\qquad (3\text{-}20)
$$

定义 $a_k \stackrel{\text{def}}{=} V(x(t_k^+))$，$b_k \stackrel{\text{def}}{=} K_w e^{\theta_k} \| w \|_{[t_k, t_{k+1}]}$ 和 $\mu_k \stackrel{\text{def}}{=} \sigma_k e^{\theta_k}$，由式(3-19)和式(3-20)可得

$$a_{k+1} \leqslant \mu_k a_k + b_k, \quad k \in \mathbb{N} \qquad (3\text{-}21)$$

引理 3.2[17]：对 $l \in \mathbb{Z}$，且 $\forall l \geqslant 1$，当 $\xi(k) \in \mathbb{R}^l$，$\eta(k) \in \mathbb{R}^l$ 以及 $z(k) \in \mathbb{R}^l$，另外 $X_k \in \mathbb{R}^{l \times l}$，$Y_k \in \mathbb{R}^{l \times l}$ 以及 $W_k \in \mathbb{R}^{l \times l}$，若满足

$$\xi(k+1) \leqslant X_k \xi(k) + Y_k \xi(k) + W_k \xi(k), \quad k \in \mathbb{N}$$

则可推导出

$$\xi(k+1) \leqslant \prod_{j=k}^{0} X_j \xi(0) + \sum_{j=0}^{k} G_k(X, Y_j)\eta(j) + \sum_{j=0}^{k} G_k(X, W_j)z(j)$$

成立。

其中，令 $P_j = \{Y_j, W_j\}$，则 $G_k(X, P_j) = \begin{cases} P_k, & j = k \\ \prod_{i=k}^{j+1} X_j P_j, & 0 \leqslant j \leqslant k-1 \end{cases}$; $\prod_{j=k}^{0} X_j = X_k X_{k-1} \cdots X_0$。

证明：可用归纳原理推导出，过程省略。

由式（3-21）和引理 3.1，可得

$$a_{k+1} \leqslant \prod_{i=0}^{k} \mu_i a_0 + \left(b_k + \sum_{i=1}^{k} \left(\prod_{j=i}^{k} \mu_j \right) b_{i-1} \right) \tag{3-22}$$

通过式（3-11），若存在常数 $M > 0$，当 $\forall k \geqslant 1$，$k \in \mathbb{N}$ 和 $\sum_{i=1}^{k} \left(\prod_{j=i}^{k} \mu_j \right) < M$ 时，可得

$$b_k + \sum_{i=1}^{k} \left(\prod_{j=i}^{k} \mu_j \right) b_{i-1} \leqslant (1+M)K_w \| w \|_{[t_0, t_{k+1}]} \tag{3-23}$$

其中，对 $k \geqslant 1$，$k \in \mathbb{N}$，可得 $S_k = \prod_{j=i}^{k} \mu_j$。对 $\forall k \geqslant 1$，有 $S_k > 0$。通过式（3-10），可得 $\lim_{k \to \infty} S_k = 0$。因此，存在序列 $\{k_{\min} : 0_{\min} = 0, k_{\min} \in \mathbb{N}\}$，对 $\forall k \in \mathbb{N}$，有 $k_{\min} < (k+1)_{\min}$，$S_j < S_l$ 和 $(k-1)_{\min} \leqslant \forall l \leqslant k_{\min} \leqslant \forall j < (k+1)_{\min}$，由此可推导出

$$\overline{S}_{(k+1)_{\min}} < \overline{S}_{k_{\min}}$$

其中，$\overline{S}_{(k+1)_{\min}} = \max_{(k-1)_{\min} \leqslant l < k_{\min}} \{S_j\}$。

对 $\forall t \in \mathbb{R}_+$，存在唯一的 $k \in \mathbb{N}$ 和唯一的 $i_k \in \mathbb{N}$，使得 $t \in (t_k, t_{k+1}]$ 和 $(i_k - 1)_{\min} \leqslant k < i_{k_{\min}}$。将函数 $\tilde{\varphi}$ 定义为

$$\tilde{\varphi}(t) \overset{\text{def}}{=} \overline{S}_{i_{k_{\min}}}, \quad t \in (t_k, t_{k+1}]$$

其中，$\tilde{\varphi}$ 在 (t_0, ∞) 和 $\lim_{t \to \infty} \tilde{\varphi}(t) = 0$ 上不增加；在 Clarke 等人[18]的研究中，若存在严格递减函数 φ，满足对 $s \geqslant 0$，有 $\lim_{s \to \infty} \varphi(s) = 0$ 且 $\tilde{\varphi}(s) \leqslant \varphi(s)$。因此，将 $\beta : \mathbb{R}_+ \times \mathbb{R}_+ \to \mathbb{R}_+$

定义为

$$\beta(a,s) \stackrel{\text{def}}{=} \sigma_{\max}\varphi(s)a, \quad \forall a,s \in \mathbb{R}_+$$

因此，可得 $\beta \in KL$。同时，由式(3-2)、式(3-18)和式(3-22)，可得

$$\begin{aligned}
\| x(t) \| &\leqslant (V(x(t))/c_1)^{1/r} \\
&\leqslant ((\sigma_{\max}a_k + K_w \| w \|_{[t_k,t]})/c_1)^{1/r} \\
&\leqslant \tilde{\beta}(\| x_0 \|, t-t_0) + \psi(\| w \|_{[t_0,t]})
\end{aligned} \tag{3-24}$$

其中，对 $\forall s \in \mathbb{R}_+$，有 $\psi(s) = (2^{(1/r)-1}/c_1^{(1/r)})(\sigma_{\max}(1+M)+1))^{(1/r)} K_w^{1/r} s^{1/r}$ 和 $\tilde{\beta}(a,s) = (2^{(1/r)-1}/c_1^{(1/r)})\beta(c_2 a^r, s)^{(1/r)}$。

通过 $\tilde{\beta} \in KL$，$\psi \in K_\infty$，可得 CDS 式(3-1)在 ETIC 式(3-4)～式(3-7)下稳定到 ISS。

证明：在式(3-12)下，CDS 式(3-1)在 ETIC 式(3-4)～式(3-7)下以指数方式稳定到 ISS。

由式(3-12)和式(3-22)，可得

$$\begin{aligned}
a_{k+1} &\leqslant \prod_{i=0}^{k}\mu_i a_0 + \left(b_k + \sum_{i=1}^{k}\left(\prod_{j=i}^{k}\mu_j\right)b_{i-1}\right) \\
&\leqslant M^* \mathrm{e}^{-\alpha k} a_0 + \tilde{K}_w \| w \|_{[t_0,t_{k+1}]}
\end{aligned} \tag{3-25}$$

其中，$M^* = \mathrm{e}^\eta$；$\tilde{K}_w = (M^*/(1-\mathrm{e}^{-\alpha}))K_w$；由式(3-17)、式(3-18)和式(3-25)可得，$\forall t \in (t_k, t_{k+1}]$，$k \in \mathbb{N}$，有

$$\| x(t) \| \leqslant K_2 \mathrm{e}^{-(\alpha/(r\Delta))(t-t_0)} \| x_0 \| + \tilde{\psi}(\| w \|_{[t_0,t]}) \tag{3-26}$$

其中，$K_2 = 2^{(1/r)-1}((c_2\sigma_{\max}\mathrm{e}^\alpha)/c_1)^{1/r} M^*$；$\tilde{\psi} \in K_\infty$。因此，CDS 式(3-1)在 ETIC 式(3-4)～式(3-7)下以 $\alpha/(r\Delta)$ 的收敛速度指数稳定到 ISS。

推论 3.1：对 $i=1,2$，假设设计满足式(3-7)条件的控制函数 I_{ik}，其中对常数 θ_{Ξ_i}，且 $\theta_{ik} = \theta_{\Xi_i}$，可得

$$\theta_{\Xi_2} + \ln\sigma_{\max} < 0 \tag{3-27}$$

因此，CDS 式(3-1)在 ETIC 式(3-4)～式(3-7)下以指数方式稳定到 ISS。

推论 3.2：若在区域 L-3 中只触发事件 Ξ_{3_k}，则没有 ETIC 控制输入 CDS，由此可得 CDS 式(3-1)为 EISS。

定理 3.2：若对 $i=1,2$，将控制函数 I_{ik} 设计成满足式(3-7)和以下基于状态的触发条件为

$$e^{\theta_{ik}+\rho\Delta k} \leqslant \sigma_{\min}, \quad 在 t_k 瞬间，\Xi_{i_k} 触发且 i \in \{1,2\} \tag{3-28}$$

其中，对 $\forall k \geqslant 1$，有 $\Delta_k = t_k - t_{k-1}$，则 CDS 式 (3-1) 在 ETIC 式 (3-4)～式 (3-7) 和式 (3-28) 下以 $(-\ln\sigma_{\min})/(r\Delta)$ 的收敛速度指数稳定到 ISS。

证明：由引理 3.1 可知，式 (3-14) 成立。由式 (3-28) 可得

$$e^{\theta_{ik}}V(x(t_k)) \leqslant \sigma_{\min}V(x(t_{k-1}^+)) + K_w \|w\|_{[t_k,t_{k+1}]}, \quad 在 t_k 瞬间，\Xi_{i_k} 触发且 i \in \{1,2\} \tag{3-29}$$

对 $\forall k \in \mathbb{N}$，由式 (3-19) 和式 (3-20) 可得

$$V(x(t_{k+1}^+)) \leqslant \sigma_{\min}V(x(t_k^+)) + K_w \|w\|_{[t_k,t_{k+1}]} \tag{3-30}$$

对 $\forall k \in \mathbb{N}$，可得

$$V(x(t_{k+1}^+)) \leqslant e^{(\ln\sigma_{\min})k}V(x_0) + (K_w/(1-\sigma_{\min}))\|w\|_{[t_0,t_k]} \tag{3-31}$$

通过使用式 (3-14)，由式 (3-31) 可得 CDS 式 (3-1) 在 ETIC 式 (3-4)～式 (3-7) 和式 (3-28) 下以 $(-\ln\sigma_{\min})/(r\Delta)$ 的收敛速度指数稳定到 ISS。

定理 3.3：对 $i=1,2$，若将系统增益 $\theta_{ik} = \theta_{\Xi_i}$ 设计成满足式 (3-7)，且对常数 $\alpha > 0$，有 $\eta \geqslant 0$ 以及

$$\sum_{i=1}^{3}(\alpha + d_i) \cdot N_i(t_j, t_k) \leqslant \eta, \quad k \leqslant j \text{ 且 } j \in \mathbb{N} \tag{3-32}$$

其中，$N_i(t_j, t_k]$ 表示从 t_j 到 t_k 的第 i 类事件 Ξ_i 的数量。

因此，CDS 式 (3-1) 以 $\alpha/(r\Delta)$ 的收敛速度指数稳定到 ISS。

证明：使用定理 3.1 的证明中的 a_k、b_k 和 μ_k，对 $i=1,2,3$，若在 t_k 瞬间触发 Ξ_{i_k}，则 $\mu_k = e^{d_i}$。式 (3-22) 可得

$$\begin{aligned} a_{k+1} &\leqslant \prod_{i=0}^{k}\mu_i a_0 + \left(b_k + \sum_{i=1}^{k}\left(\prod_{j=i}^{k}\mu_j\right)b_{i-1}\right) \\ &\leqslant e^{\sum_{i=1}^{k}d_i}a_0 + \tilde{K}_w\left(\sum_{i=1}^{k}e^{\sum_{j=1}^{k}d_j}\right)\|w\|_{[t_0,t_{k+1}]} \end{aligned} \tag{3-33}$$

其中，$\tilde{K}_w = (1+M)K_w$。由条件式 (3-32) 和 $N_1(t_0,t_k] + N_2(t_0,t_k] + N_3(t_0,t_k] = k$，可得

$$\sum_{i=1}^{k}d_i = \sum_{j=1}^{3}d_j N_j(t_i,t_k] \leqslant \eta - \alpha(k-i), \quad k \in \mathbb{N} \tag{3-34}$$

由式 (3-33) 和式 (3-34) 可得

$$a_{k+1} \leqslant e^{\eta}e^{-\alpha k}a_0 + [(e^{\eta}(1+M)K_w)/(1-e^{-\alpha})]\|w\|_{[t_0,t_{k+1}]} \tag{3-35}$$

由式(3-17)、式(3-18)和式(3-35)，对 $\forall t\in(t_k,t_{k+1}]$，$k\in\mathbb{N}$，可得

$$\parallel x(t)\parallel\leqslant K_3 e^{-(\alpha/(r\Delta))(t-t_0)}\parallel x_0\parallel+\psi(\parallel w\parallel_{[t_0,t]})$$

其中，对 $\forall s\geqslant0$，可得 $\psi(s)=2^{1/r}(((1+M)K_w e^\eta)/(c_1(1-e^{-\alpha})))^{1/r}s$；$K_3=2^{(1/r)-1}$ $((c_2\sigma_{max}e^{\alpha+\eta})/c_1)^{1/r}$。CDS 式(3-1)在 ETIC 式(3-4)～式(3-7)下以 $\alpha/(r\Delta)$ 的收敛速度指数稳定到 ISS。

2)具有时滞的 ETIC 下 CDS 的 ISS

由于通信网络中的带宽有限等因素经常引起 ETIC 信号时滞，所以有必要研究 ETIC 式(3-4)～式(3-7)的鲁棒性。

时滞 ETIC 在 t_k 瞬间时，将 CDS 式(3-1)预先接收的 ETIC 信号 $I_{j,k-\tau_d(k)}(x(t_{k-\tau_d(k)}))$ 替换成 $I_{ik}(x(t_k))$，用做 $x(t_k^+)$。因此，可将系统式(3-8)变换为

$$\begin{cases}\dot{x}(t)=f(t,x(t),w(t)), & t\in(t_{k-1},t_k]\\ x(t^+)=I_{k-\tau_d(k)}(x(t_{k-\tau_d(k)})), & t=t_k\\ x(s)=x(t_0^+)=x_0, & \forall s\leqslant t_0,\quad k\geqslant1,\quad k\in\mathbb{N}\end{cases} \tag{3-36}$$

其中，对 $i=\{1,2,3\}$，若 $\varXi_{i_k}$ 触发，$I_k\overset{\text{def}}{=}I_{ik}$；$\tau_d(k)\in\mathbb{N}$ 表示第 k 个 ETIC 信号时滞，且对 $m\in\mathbb{N}$，满足 $0\leqslant\tau_d(k)\leqslant m$；若在 t_k 瞬间触发 $\varXi_{3_k}$，则 $\tau_d(k)=0$。

假设 3.2：假设在每个 t_k，若触发事件 $\varXi_{1_k}$ 或 $\varXi_{2_k}$，则 CDS 式(3-1)一定接收到了 ETIC 信号，即没有丢包(数据丢失)。

定理 3.4：对具有时滞 $\tau_d(k)$ 的时滞 ETIC 式(3-4)～式(3-7)，假设时滞 ETIC 满足推论 3.1 的条件，则式(3-9)成立，且 CDS 式(3-1)在时滞 ETIC 式(3-4)～式(3-7) 下以 $(-\ln p)/(r(m+2)\delta)$ 的收敛速度指数稳定到 ISS，其中 $p=\max\{e^{\theta_{\varXi_2}}\sigma_{max},\sigma_{min}\}$。

证明：通过类似证明定理 3.1 的证明，即对 $\delta>0$，可得式(3-9)成立，即 ETIC 式(3-4)～式(3-7)具有非 Zeno 行为。

当区域 L-3 的事件 $\varXi_{3_k}$ 触发时，则没有来自控制器的 ETIC 信号，并且由假设 3.2 可得，当在某个瞬间 t_k，ETIC 存在时滞时，一定触发事件 $\varXi_{1_k}$ 或 $\varXi_{2_k}$，CDS 式(3-1)将接收来自区域 L-1 或 L-2 的 ETIC 信号。

因此，若在 t_k 瞬间触发事件 $\varXi_{3_k}$，则 $\tau_d(k)=0$，且

$$V(x(t_k^+))<\sigma_{min}V(x(t_{k-1}^+))+K_w\parallel w\parallel_{[t_{k-1},t_k]} \tag{3-37}$$

其中，对 $i\in\{1,2\}$，在 t_k 瞬间，若事件 $\varXi_{i_k}$ 在 ETIC 中具有时滞 $\tau_d(k)$ 的方式触发，则 CDS 式(3-1)将接收 ETIC 的 $I_{j,k-\tau_d(k)}(x(t_{k-\tau_d(k)}))$ 且在 $t_{k-\tau_d(k)}$ 瞬间触发事件 $\varXi_{1_{k-\tau_d(k)}}$ 或 $\varXi_{2_{k-\tau_d(k)}}$。因此，由式(3-7)可得

$$V(x(t_k^+)) \leqslant e^{\theta_{k-\tau_d(k)}} V(x(t_{k-\tau_d(k)}))$$

$$\leqslant e^{\theta_{k-\tau_d(k)}} \sigma_{k-\tau_d(k)} V(x(t_{k-\tau_d(k)-1}^+)) + e^{\theta_{k-\tau_d(k)}} K_w \|w\|_{[t_{k-\tau_d(k)-1}, t_{k-\tau_d(k)}]} \tag{3-38}$$

$$\leqslant e^{\theta_{\Xi_2}} \sigma_{\max} V(x(t_{k-\tau_d(k)-1}^+)) + K_w \|w\|_{[t_0, t_k]}$$

令 $y(k) = V(x(t_k^+))$，则由式(3-37)、式(3-38)和 $\tau_d(k) \leqslant m$，可得

$$y(k+1) \leqslant p\bar{y}(k) + K_w \|w\|_{[t_0, t_{k+1}]} \tag{3-39}$$

其中，$p = \max\{e^{\theta_{\Xi_2}} \sigma_{\max}, \sigma_{\min}\}$；$\bar{y}(k) = \max_{s \in \mathbb{N}_{-m}} \{y(k+s)\}$，$\mathbb{N}_{-m} = \{-m, \cdots, -1, 0\}$。

由式(3-27)可得 $p < 1$。通过文献[19]利用 Razumikhin 方法对离散时滞系统的输入状态的研究过程中的定理 4.2，可得式(3-39)具有指数 ISS 性质。存在常数 $\alpha > 0$、$K_4 > 0$ 和 $K_5 > 0$，使得对 $\forall t \in (t_{k-1}, t_k]$，$k \geqslant 1$，$k \in \mathbb{N}$，有

$$V(x(t)) \leqslant \sigma_{\max} V(x(t_{k-1}^+)) + K_w \|w\|_{[t_{k-1}, t]}$$

$$\leqslant K_4 e^{-(\alpha/\delta)(t-t_0)} V(x_0) + K_5 \|w\|_{[t_0, t]} \tag{3-40}$$

其中，$\alpha = (-\ln p)/(m+2)$；$\delta = \min\{\Delta, ((\ln \alpha_{\max})/\rho)\}$。

3)具有丢包的 ETIC 下 CDS 的 ISS

在通信网络中，脉冲控制信号的丢包(数据丢失)情况可能会导致受控系统的稳定性、ISS 和 CDS 的 ETIC 受到严重影响。为此，将对具有丢包情况的 ETIC 下，研究 CDS 稳定到 ISS 的情况。

若 CDS 式(3-1)在 t_k 瞬间没有在此之前所接收的 $u(t_j)$，其中 $j \leqslant k$，则可以称在 t_k 瞬间，对 CDS 式(3-1)触发的一个脉冲控制信号存在丢包(数据丢失)。因此，若丢包(数据丢失)发生在 t_k 瞬间，则 $x(t_k)$ 处无跳跃，即 $x(t_k^+) = x(t_k)$。

对 $\forall t \geqslant t_0$ 且 $i = 1, 2, 3$，$M_i(t_0, t]$ 表示从 t_0 到 t 的 CDS 式(3-1)第 i 类 ETIC 的允许丢包数(allowable number of dropouts)；满足 $0 \leqslant \beta_i < 1$ 的 β_i 表示第 i 类 ETIC 的最大允许丢包率(MADR)；$N_i(t_0, t]$ 表示从 t_0 到 t 的第 i 类事件 Ξ_i 的数量，可得

$$M_i(t_0, t] / N_i(t_0, t] \leqslant \beta_i, \quad i = 1, 2, 3, \quad t \geqslant t_0 \tag{3-41}$$

(1)ETIC 中无时滞。

定理 3.5：对具有丢包的 ETIC 式(3-4)~式(3-7)的设计，假设对 $i = 1, 2$，β_i (MADR)满足

$$0 \leqslant \beta_i < 1 + (\ln \sigma_{\max} / \theta_{\Xi_i}), \quad i = 1, 2 \tag{3-42}$$

对 $i = 1, 2$，CDS 式(3-1)在具有丢包的 ETIC 式(3-4)~式(3-7)和满足式(3-42)的 β_i (MADR)下以指数方式稳定到 ISS。

证明：

由式 (3-42) 可得：对 $i=1,2$，$0 \leqslant ((\ln \sigma_{\max})/(-\theta_{\Xi_i})) < 1$，由此可推导出

$$e^{\theta_{\Xi_i}} \sigma_{\max} < 1, \quad i=1,2 \tag{3-43}$$

其中，对 $\forall s \in [t_0,t]$，$l_i(s,t]$ 表示 CDS 式 (3-1) 在 $(s,t]$ 内成功接收的第 i 类 ETIC 信号的数量。由此，对 $\forall t > t_0$，有

$$N_i(t_0,t] = l_i(t_0,t] + M_i(t_0,t], \quad i=1,2 \tag{3-44}$$

由 β_i (MADR) 的定义和式 (3-42)，可得 $M_i(t_0,t] \leqslant \beta_i \cdot N_i(t_0,t]$。因此，由式 (3-44) 可得

$$l_i(t_0,t] \geqslant (1-\beta_i) N_i(t_0,t] \tag{3-45}$$

在事件触发瞬间 t_k，对 $i \in \{1,2\}$，若 L-i 区域的 ETIC 存在具有丢包，则 CDS 式 (3-1) 不可接收 ETIC 信号，也不能将 $x(t_k^+) = I_{ik}(x(t_k))$ 作为 $t > t_k$ 的起点，在此情况中，$x(t_k^+) = x(t_k)$。

定义 $\hat{\theta}_k$ 表示为

$$\hat{\theta}_k \overset{\text{def}}{=} \begin{cases} \theta_k, & \text{在} t_k \text{瞬间ETIC信号无丢包} \\ 0, & \text{在} t_k \text{瞬间ETIC信号有丢包} \end{cases}$$

其中，$a_k = V(x(t_k^+))$；$\hat{\mu}_k = \sigma_k e^{\hat{\theta}_k}$；$b_k = K_w \|w\|_{[t_k,t_{k+1}]}$。通过类似于式 (3-21) 的证明，可得

$$a_{k+1} \leqslant \hat{\mu}_i a_k + b_k \tag{3-46}$$

该区域满足

$$a_{k+1} \leqslant \prod_{i=0}^{k} \hat{\mu}_i a_0 + \left[b_k + \sum_{i=1}^{k} \left(\prod_{j=i}^{k} \hat{\mu}_j \right) b_{i-1} \right] \tag{3-47}$$

由式 (3-45) 和式 (3-47) 可得

$$
\begin{aligned}
a_{k+1} &\leqslant \sigma_{\max}^{N_1(t_0,t_k]+N_2(t_0,t_k]} e^{\theta_{\Xi_1} l_1(t_0,t_k]} e^{\theta_{\Xi_2} l_2(t_0,t_k]} \times \sigma_{\min}^{N_3(t_0,t_k]} a_0 \\
&\quad + \left[1 + \sum_{j=1}^{k} \sigma_{\max}^{N_1(t_j,t_k]} \sigma_{\max}^{N_2(t_j,t_k]} \times e^{\theta_{\Xi_1} l_1[t_j,t_k]} e^{\theta_{\Xi_2} l_2[t_j,t_k]} \sigma_{\min}^{N_3(t_j,t_k]} \right] \cdot K_w \|w\|_{[t_0,t_{k+1}]} \\
&\leqslant \sigma_{\max}^{\sum_{i=1}^{2} N_i(t_0,t_k]} \sigma_{\min}^{N_3(t_0,t_k]} e^{\sum_{i=1}^{2} \theta_{\Xi_i}(1-\beta_i)N_i(t_0,t_k]} \cdot a_0 \\
&\quad + \left[1 + \sum_{j=1}^{k} \sigma_{\max}^{\sum_{i=1}^{2} N_i(t_j,t_k]} \sigma_{\min}^{N_3(t_j,t_k]} \times e^{\sum_{i=1}^{2} \theta_{\Xi_i}(1-\beta_i)N_i(t_j,t_k]} \right] \cdot K_w \|w\|_{[t_0,t_{k+1}]}
\end{aligned} \tag{3-48}
$$

由式 (3-42) 可得，存在一个满足 $0 < \tilde{a} \leqslant -\ln \sigma_{\min}$ 的常数 $\tilde{a}$ 以及

$$\beta_i \leqslant 1 - ((\tilde{\alpha} + \ln \sigma_{\max}) / (-\theta_{\Xi_i})), \quad i = 1, 2 \tag{3-49}$$

由式 (3-49) 和 $\beta_3 = 0$，可得

$$0 < \tilde{\alpha} \leqslant \min_{1 \leqslant i \leqslant 2} \{-(1 - \beta_i)\theta_{\Xi_i} - \ln \sigma_{\max}\} \tag{3-50}$$

由式 (3-48)、式 (3-50) 和 $0 < \tilde{\alpha} \leqslant -\ln \sigma_{\min}$，对 $1 \leqslant i \leqslant k$，$N_1(t_0, t_j] + N_2(t_0, t_j] + N_3(t_0, t_j] = j$，可得

$$\begin{aligned} a_{k+1} &\leqslant \mathrm{e}^{-\tilde{\alpha}k} a_0 + \left(1 + \sum_{i=1}^{k} \mathrm{e}^{-\tilde{\alpha}(k-1)}\right) K_w \| w \|_{[t_0, t_{k+1}]} \\ &\leqslant \mathrm{e}^{-\tilde{\alpha}k} a_0 + ((2 - \mathrm{e}^{-\tilde{\alpha}}) / (1 - \mathrm{e}^{-\tilde{\alpha}})) \times K_w \| w \|_{[t_0, t_{k+1}]}, \quad k \in \mathbb{N} \end{aligned} \tag{3-51}$$

其中，不等式左侧的证明与定理 3.1 中的式 (3-25) 相同。

(2) 具有丢包的时滞 ETIC。

定理 3.6：对具有丢包的时滞 ETIC，假设对 $i = 1, 2$，β_i (MADR) 满足

$$0 \leqslant \beta_i < ((\alpha) / (\alpha + \ln \sigma_{\max})), \quad i = 1, 2 \tag{3-52}$$

其中，$a \stackrel{\text{def}}{=} ((-\ln \max\{\mathrm{e}^{\theta_{\Xi_2}} \sigma_{\max}, \sigma_{\min}\}) / (m + 1)) > 0$。对 $i = 1, 2$，CDS 式 (3-1) 在具有丢包的时滞 ETIC 和满足式 (3-52) 的 β_i (MADR) 下稳定到 ISS。

证明：

若在 t_k 瞬间无丢包，则有

$$y(k) \leqslant py(k - \tau_d(k) - 1) + (c_2 / c_1) K_w \| w \|_{[t_0, t_k]} \tag{3-53}$$

其中，$y(k) = V(x(t_k^+))$；$p = \max\{\mathrm{e}^{\theta_{\Xi_2}} \sigma_{\max}, \sigma_{\min}\}$。

若在 t_k 瞬间存在丢包，则在 t_k 瞬间不会触发事件 Ξ_{3_k}，可得

$$y(k) = V(x(t_k^+)) \leqslant qy(k - 1) + K_w \| w \|_{[t_{k-1}, t_k]} \tag{3-54}$$

其中，$q = \sigma_{\max}$。

假设在 t_{n_i} 瞬间发生丢包，且满足 $0 < n_1 < n_2 < \cdots$，由式 (3-53) 和式 (3-54)，可得离散时间脉冲系统为

$$\begin{cases} y(k+1) \leqslant py(k - \tau_d(k)) + \omega(k), & k \in \aleph(n_i, n_{i+1}) \\ y(k+1) \leqslant qy(k) + \omega(k), & k = n_i, \quad i \in \mathbb{N} \end{cases} \tag{3-55}$$

其中，$\omega(k) = K_w \| w \|_{[t_0, t_{k+1}]}$；对 $n_i, n_{i+1} \in \mathbb{N}$，$n_i < n_{i+1}$，定义 $\aleph(n_i, n_{i+1}) = \{k \in \mathbb{N}: n_i < k < n_{i+1}\}$。

通过文献[19]利用 Razumikhin 方法对离散时滞系统的输入状态的研究过程中

的定理 4.2，对 $n_i < \forall k < n_{i+1}$，可得

$$y(k+1) \leqslant q e^{-\alpha(k-n_i-1)} y(n_i) + \bar{K}_w \parallel w \parallel_{[t_{k-1}, t_k]} \tag{3-56}$$

其中，$\alpha = ((-\ln p)/(m+1)) > 0$；常数 $\bar{K}_w > 0$。

由式 (3-52) 可得，存在一个满足 $0 < \tilde{\alpha} \leqslant ((-\ln \sigma_{\min})/(m+2))$ 的常数 $\tilde{\alpha}$，可得

$$0 \leqslant \beta_i < ((\alpha - \tilde{\alpha})/(\alpha + \ln \sigma_{\max})), \quad i = 1, 2 \tag{3-57}$$

其中，对 $i = 1, 2$，$\alpha_i^* = \alpha$；$\alpha_3^* = ((-\ln \sigma_{\min})/(m+2))$。由式 (3-57) 和 $q = \sigma_{\max}$ 可得

$$-\alpha_i^*(1-\beta_i) + \beta_i \ln q \leqslant -\tilde{\alpha}, \quad i = 1, 2 \tag{3-58}$$

由式 (3-56)、式 (3-58)、$\beta_3 = 0$ 和对 $\forall k \in \mathbb{N}$，$\sum\limits_{i=1}^{3} N_i(t_0, t_k] = k$，可得

$$
\begin{aligned}
y(k+1) \leqslant\ & e^{\sum\limits_{i=1}^{3} (-\alpha_i^*(1-\beta_i)+\beta_i \ln q) N_i(t_0, t_k]} y(0) \\
& + \left[1 + e^{\sum\limits_{j=1}^{k} \sum\limits_{i=1}^{3} (-\alpha_i^*(1-\beta_i)+\beta_i \ln q) N_i(t_j, t_k]} \right] \bar{K}_w \parallel w \parallel_{[0, k+1]} \\
\leqslant\ & e^{-\alpha k} y(0) + (1 + (1/(1-e^{-\tilde{\alpha}}))) \bar{K}_w \parallel w \parallel_{[0, k+1]}
\end{aligned} \tag{3-59}
$$

由式 (3-2)、式 (3-14) 和式 (3-59) 可得，对 $i = 1, 2$，CDS 式 (3-1) 在具有丢包的时滞 ETIC 和满足式 (3-52) 的 β_i (MADR) 下以指数方式稳定到 ISS。

3.2　事件触发下的微电网电压混合控制

3.2.1　直流微电网模型

搭建直流微电网系统模型如图 3-3 所示，其中，负载由电阻 r、电感 L 和电阻 R 构成；光伏电池的输出电流为 I_{PV}，输出电压为电容 C_1 的电压 V_C；另外，由公共电网和储能装置输出的电能都经过了换流装置的变换，因此都会产生相应的谐波，而产生的谐波会对电气设备和电网保护装置等正常工作带来不利影响，也会影响用电安全[20,21]。因此，在图 3-3 中，设置了两组滤波电感器以滤除相应的谐波，在滤波电感器中的电阻值和电感值只要选取适当，基本上可以滤除谐波。另外，应该注意的是：公共电网的输出电压 V_g 和光伏电池的输出电流 I_{PV} 可能会随外界环境变化发生不确定的变化，因此在系统中以扰动的形式存在。

用状态空间的方法对直流微电网系统模型图 3-3 建立数学模型。由于电感和电容都是动态元件，即电感电流和电容电压都是随时间变化的动态量，因此选取

图 3-3 中的 i_1、i_2、i_3 和 V_C 作为系统状态变量，再结合基尔霍夫定律，建立四阶线性系统，可得

$$\dot{x} = Ax + \begin{bmatrix} B_1 & B_2 \end{bmatrix} \begin{bmatrix} \omega \\ u \end{bmatrix} \tag{3-60}$$

其中

$$x(t) = \begin{bmatrix} i_1(t) \\ i_2(t) \\ i_3(t) \\ V_C(t) \end{bmatrix} ; \quad \begin{bmatrix} \omega \\ u \end{bmatrix} = \begin{bmatrix} I_{PV} \\ V_g \\ V_f \end{bmatrix}$$

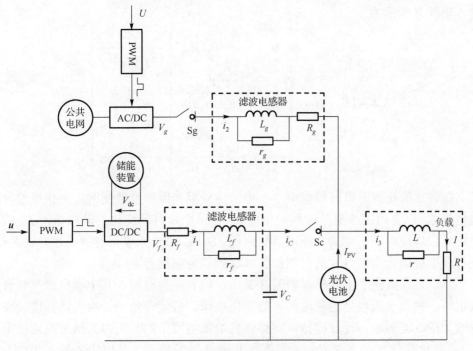

图 3-3　直流微电网系统模型

令电压 V_C 为系统的输出量，则系统输出表示为

$$y = V_C \tag{3-61}$$

联立式(3-60)和式(3-61)，化简得

$$\begin{cases} \dot{x} = Ax + \begin{bmatrix} B_1 & B_2 \end{bmatrix} \begin{bmatrix} \omega \\ u \end{bmatrix} \\ y = V_C \end{cases} \tag{3-62}$$

其中，参数矩阵 $\boldsymbol{A}$ 表示为

$$
\boldsymbol{A} = \begin{bmatrix}
-\dfrac{R_f r_f}{(R_f + r_f)L_f} & 0 & 0 & -\dfrac{r_f}{(R_f + r_f)L_f} \\
0 & -\dfrac{R_g r_g}{(R_g + r_g)L_g} & 0 & -\dfrac{r_g}{(R_g + r_g)L_g} \\
0 & 0 & -\dfrac{Rr}{(R+r)} & \dfrac{r}{(R+r)L} \\
\dfrac{r_f}{(R_f + r_f)C} & \dfrac{r_g}{(R_g + r_g)C} & -\dfrac{r}{(R+r)C} & -\left(\dfrac{1}{R+r} + \dfrac{1}{R_f + r_f} + \dfrac{1}{R_g + r_g}\right)\dfrac{1}{C}
\end{bmatrix}
$$

输入矩阵 $\boldsymbol{B}$ 表示为

$$
\boldsymbol{B} = [\boldsymbol{B}_1 \quad \boldsymbol{B}_2] = \begin{bmatrix}
0 & 0 & \dfrac{r_f}{(R_f + r_f)L_f} \\
0 & -\dfrac{r_g}{(R_g + r_g)L_g} & 0 \\
0 & 0 & 0 \\
-\dfrac{1}{C} & \dfrac{1}{(R_g + r_g)C} & \dfrac{1}{(R_f + r_f)C}
\end{bmatrix}
$$

在建立的直流微电网模型图 3-3 中，当外界光照强度改变时，光伏电池产生的电流 I_{PV} 也会随之改变，即模型中的 I_{PV} 为一个随时间变化的动态值，I_{PV} 的变化将导致母线电压 V_C 波动，影响其稳定性。所以，整个系统可看做线性时变系统，在仿真中将结合事件触发的反馈控制以达到稳定电压 V_C 的效果。

假设某地搭建了电气模型如图 3-3 所示的直流微电网，其中微电源只包含光伏电池。按照一天内光照强度的一般变化规律，假设该地一天内光照强度的变化曲线如图 3-4 所示，通过模拟，可得该直流微电网中的一天内光伏电池输出电流 I_{PV} 的变化曲线如图 3-5 所示。若不加入事件触发控制，以恒定的输入控制 u 到微电网中，稳定微电网电压 V_C，则可得该直流微电网输出电压 V_C 的变化曲线如图 3-6 所示。

由图 3-6 可知，随着光伏电池输出电流 I_{PV} 的变化，输出电压 V_C 也会随之变化。在图 3-6 中，电压最低值为 200V，电压最高值为 380V。我国电压质量标准为在额定电压值的(±5)%范围内，即在此处 300V 电压等级情况下，微电网中符合电能质量标准的电压范围为 285~315V。显然，无事件触发控制时，输出电压 V_C 的波动范围是完全不符合电能质量要求的。

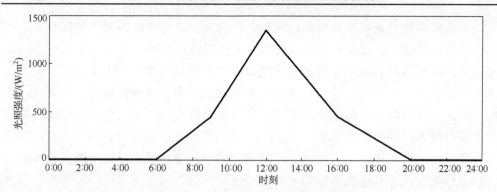

图 3-4　一天内光照强度的变化曲线

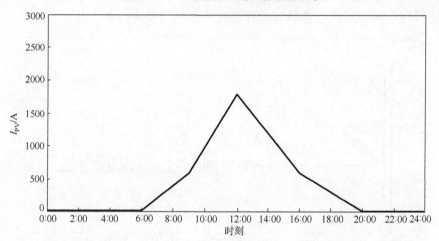

图 3-5　一天内光伏电池输出电流 I_{PV} 的变化曲线

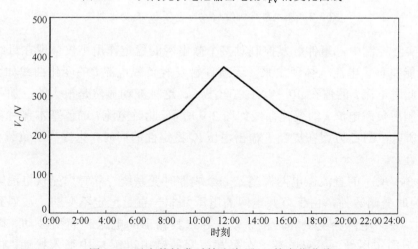

图 3-6　无事件触发时输出电压 V_C 的变化曲线

　　为满足电能质量标准和电网电压稳定性的要求，将微电网电压控制分为三个控制区域，将第一区域事件的阈值设为偏离标准值 (±30V)；将第二区域事件的阈值设为偏离标准值 (±15V)；将第三区域事件的范围设为 285～315V 之间。即当电压值偏离标准值很大时，给出很强的反馈控制；当电压值偏离标准值较大时，给出较强的反馈控制；当电压值在电压标准范围内波动时，给出最弱的控制。具体加入事件触发后输出电压 V_C 的变化曲线如图 3-7 所示，其中，在图 3-7 中标识了事件发生时刻对应的点，三角形表示检测到第一层事件发生，圆形表示检测到第二层事件发生，在其他没有标识的时间段说明在触发第三层事件。因为有了事件触发的存在，总能保证输出电压值 V_C 在波动过大时，通过调节到达安全的区域，从而使得微电网电压符合电能质量标准并实现电压稳定性。

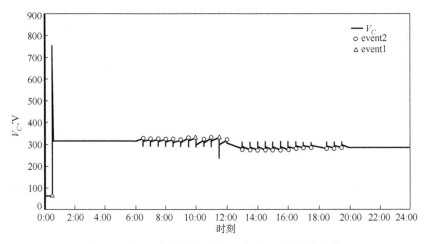

图 3-7　加入事件触发后输出电压 V_C 的变化曲线

　　在实际控制中，事件触发控制对整个微电网的稳定作用不仅体现在母线电压上，也能在负载电流上体现出来。无事件触发时负载电流 i_3 的变化曲线如图 3-8 所示，此时电流 i_3 的值在 40～78A 之间波动，这种波动显然是很大的；加入事件触发控制后负载电流 i_3 的变化曲线如图 3-9 所示，此时电流 i_3 的值基本保持在 60A 附近。所以，ETC 方案在提高了输出电压 V_C 稳定性的同时，也提高了负载电流 i_3 的稳定性。

　　图 3-3 所示的直流微电网模型是一个线性时变系统，除考虑光伏电池输出电流 I_{PV} 为时变函数外，由于公共电网的电压并非一直是恒定不变的，在遇到某些情况时，公共电网会受到相应的扰动，导致其输出的电压 V_g 有所波动，因此为提高模型的实用性，还应该考虑在公共电网的输出电压 V_g 中加入扰动。任何一次电力系统中的操作或事故都可能对大电网造成一定的冲击，在影响大电网正

常运行的同时，也影响了公共电网对微电网的输出电压 V_g。所以，采用同样的模型和事件触发控制方法，假设在公共电网中因为投切受到了扰动，在 $t=12\sim16\text{s}$ 时间段内加入一正弦扰动信号 $60\sin(\pi t)$，可得含扰动时 V_g 的变化曲线如图 3-10 所示。

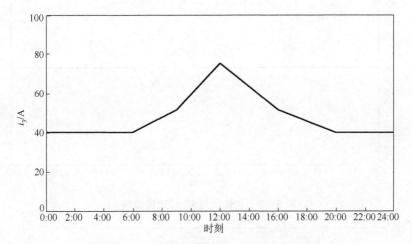

图 3-8　无事件触发时负载电流 i_3 的变化曲线

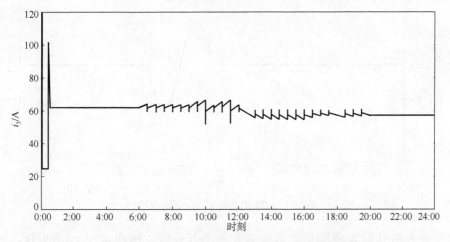

图 3-9　加入事件触发后负载电流 i_3 的变化曲线

在加入扰动后，重新运行系统，可得含扰动时 V_C 的变化曲线如图 3-11 所示，可以看到在 $t=12\sim16\text{s}$ 时间段内，V_g 的波动引起了输出电压 V_C 的波动，在扰动期间 V_C 相对于标准电压的偏差超过了100V，如此大的电压偏差可能会导致微电网中电气设备处于不正常运行状态，甚至损坏电气设备，带来巨大的经济损失。所以必须采取一定的方法来防止电压 V_C 产生过高的偏差，从而防止对微电网造成不可逆的影响。

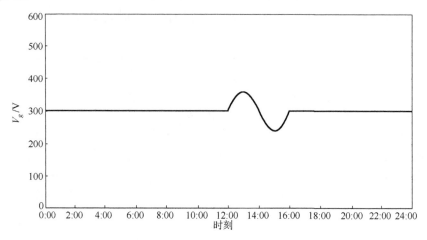

图 3-10　含扰动时 V_g 的变化曲线

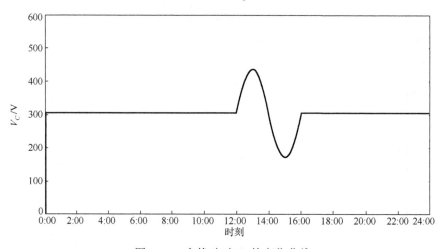

图 3-11　含扰动时 V_C 的变化曲线

　　在加入事件触发控制后，且设置步长为 0.5s 时，输出电压 V_C 的变化曲线如图 3-12 所示。从图 3-12 可知，微电网输出电压 V_C 的波动范围仍然较大，在 200V 到 500V 之间波动，而且一直在触发第一区域事件，说明电压值一直处于紧急区域。因此可考虑给出更频繁的控制，即降低检测 V_C 的步长，将步长从原来的 0.5s 分别调低到 0.1s 和 0.05s，再对调整步长后的 V_C 进行仿真，重新得到步长为 0.1s 时，输出电压 V_C 的变化曲线如图 3-13 所示，步长为 0.05s 时，输出电压 V_C 的变化曲线图 3-14 所示。

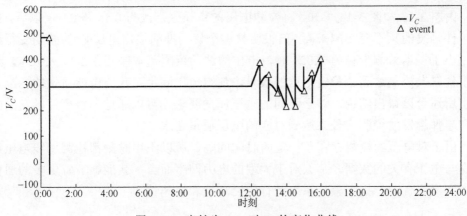

图 3-12　步长为 0.5s 时 V_C 的变化曲线

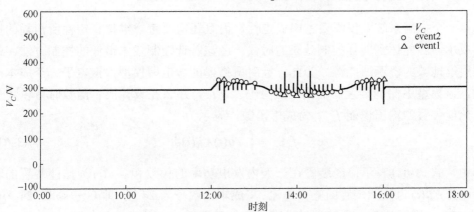

图 3-13　步长为 0.1s 时 V_C 的变化曲线

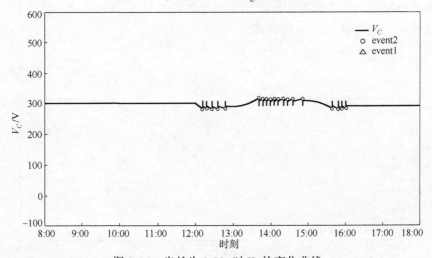

图 3-14　步长为 0.05s 时 V_C 的变化曲线

　　由图 3-13 和图 3-14 可知，将检测电压的步长分别改为 0.1s 和 0.05s 以后，虽然事件触发的频率变得越来高，但很明显整个扰动期间输出电压 V_C 的波动变得越来越小了，当检测步长为 0.05s 时，电压的波动范围基本保持在 285～315V，通过事件触发控制达到了稳定电压的效果，使得电压满足了我国电能质量的标准。综上所述可以得出结论，对于不同的电压质量要求，可以通过调整事件触发的阈值和事件触发的检测步长来达到对应的电压质量要求。

　　由于对电压的检测存在着一定的时间间隔，所以不用时刻都检测母线电压和传递与电压有关的数据。那么对于大型的电力网络而言，就能够节省更多的通信通道和网络资源，提高整个系统运行的经济性和快速性。

3.2.2　成本函数比较

　　一个控制系统不仅需要考虑稳定性，而且还需要考虑维持稳定性所消耗的控制成本，当能达到同样控制效果的时候，应该首选控制成本最低的控制方法，最大限度地节约资源或能源。为此，针对所搭建的微电网模型，拟定了一个成本函数，该模型中储能装置的输出电压为输入 $u(t)$，那么在设计成本函数时可以考虑以储能装置的输出电能 f_{power} 为成本函数，表示为

$$f_{power} = \int_0^{24} u(t) * i_1(t)\mathrm{d}t \tag{3-63}$$

其中，式(3-63)表示储能装置在一天内发出功率的代数和；$u(t)$ 为储能装置的输出电压；$i_1(t)$ 为储能装置的输出电流。将成本函数分为 24 段，即 0～1s，1～2s，…，23～24s，则可计算出无事件触发下，储能装置的输出功率曲线如图 3-15 所示；加入事件触发后，储能装置的输出功率曲线如图 3-16 所示。其中，在仿真中以 i_d 随时间变化，V_g 不含扰动为前提条件。

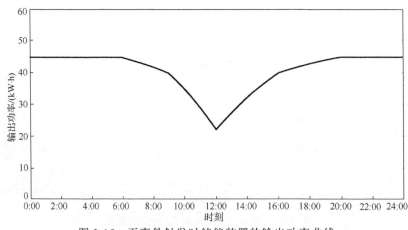

图 3-15　无事件触发时储能装置的输出功率曲线

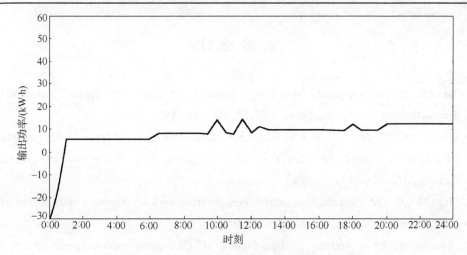

图 3-16　加入事件触发后储能装置的输出功率曲线

　　通过对比图 3-15 和图 3-16 可知，在加入事件触发后，储能装置能及时调节自身的输出功率来减缓由外界变化而引起的电压波动。储能装置的输出功率就不会有大幅度波动，因为储能装置会在每一次事件发生时及时调整自身输出功率，阻止母线电压越过正常运行范围，这也有利于储能装置稳定地运行。

　　最后，采用式(3-63)来计算一天内储能装置的输出能量，运用 MATLAB 软件来进行积分计算，得到了无事件触发时储能装置输出能量代数和为 $435.61\mathrm{kW \cdot h}$，有事件触发时储能装置的代数和为 $205.45\mathrm{kW \cdot h}$。显然，事件触发控制的存在，明显降低了一天内储能装置所输出能量的代数和。这里的代数和可以理解为储能装置的发出能量与吸收能量相抵以后，最终发出的能量。也就是说，通过将储能装置的运行方式和事件触发控制思想结合，达到了对间歇性能源进行"削峰填谷"的目的，这也是研究微电网时最重要的目的之一。

3.3　本章小结

　　本章考虑连续系统基于事件触发的脉冲控制，利用 ETIC 方法对连续动态时间系统稳定或以指数方式稳定到 ISS 进行了讨论，另外还讨论了由网络等因素影响而产生的时滞和丢包情况时，ETIC 对连续动态时间系统的稳定或以指数方式稳定到 ISS 的过程，并搭建了直流微电网系统模型，讨论了对事件触发下微电网电压的控制和稳定，并分析了系统成本函数，保证系统以最优控制成本运行。

参 考 文 献

[1] Tabuada P. Event-triggered real-time scheduling of stabilizing control tasks. IEEE Transactions on Automatic Control, 2007, 52(9): 1680-1685.

[2] Donkers M C F, Heemels W P M H. Output-based event triggered control with guaranteed L1-gain and improved and decentralised event-triggering. IEEE Transactions on Automatic Control, 2012, 57(6): 1362-1376.

[3] Mazo M J, Cao M. Decentralized event-triggered control with asynchronous updates//The 51th IEEE Conference on Decision and Control, Orlando, 2011.

[4] Dimarogonas D V, Frazzoli E, Johansson K H. Distributed event-triggered control for multi-agent systems. IEEE Transactions on Automatic Control, 2012, 57(5): 1291-1297.

[5] Wang X F, Lemmon M D. Event-triggering in distributed networked control systems. IEEE Transactions on Automatic Control, 2011, 56(3): 586-601.

[6] Persis C D, Sailer R, Wirth F. On a small-gain approach to distributed event-triggered control//IFAC World Congress, Milan, 2011.

[7] Liu T, Hill D J, Liu B. Synchronization of dynamical networks with distributed event-based communication//The 51st IEEE Conference on Decision and Control, Hawaii, 2012.

[8] Yue D, Tian E, Han Q L. A delay system method for designing event-triggered controllers of networked control systems. IEEE Transactions on Automatic Control, 2013, 58(2): 475-481.

[9] Andersona R P, Milutinovic D, Dimarogonas D V. Self-triggered sampling for second-moment stability of state-feedback controlled SDE systems. Automatica, 2015, 54: 8-15.

[10] Shi D, Chen T, Darouach M. Event-based state estimation of linear dynamic systems with unknown exogenous inputs. Automatica, 2016, 69: 275-288.

[11] Eqtami A, Dimarogonas D V, Kyriakopoulos K J. Event-triggered control for discrete-time systems// American Control Conference, 2010, 4719-4724.

[12] Wu W, Reimann S, Gorges D, et al. Event-triggered control for discrete-time linear systems subject to bounded disturbance. International Journal of Robust Nonlinear Control, 2016, 26(9): 1902-1918.

[13] Brunner F D, Heemels W P M H, Allgower F. Dynamic thresholds in robust event-triggered control for discrete-time linear systems// European Control Conference, Aalborg, 2016.

[14] Xu Q, Zhang Y, He W, et al. Event-triggered networked H∞ control of discrete-time nonlinear singular systems. Applied Mathematics Computation, 2017, 298(1): 368-382.

[15] Jiang Z P, Liu T F. A survey of recent results in quantized and event-based nonlinear control.

International Journal Automation and Computing, 2015, 12(5): 455-466.

[16] Liu T F, Jiang Z P. A small-gain approach to robust event-triggered control of nonlinear systems. IEEE Transactions on Automatic Control, 2015, 60(8): 2072-2085.

[17] Liu B, Marquez H J. Quasi-exponential input-to-state stability for discrete-time impulsive hybrid systems. International Journal of Control, 2007, 80(4): 540-554.

[18] Clarke F H, Ledyaev Y S, Stern R J. Asymptotic stability and smooth Lyapunov functions. Journal of Differential Equations, 1998, 149(1): 69-114.

[19] Liu B, Hill D J. Input-to-state stability for discrete delay systems via Razumikhin technique. Systems & Control Letters, 2009, 58(8): 567-575.

[20] 姚钢, 陈少霞, 王伟峰, 等. 分布式电源接入直流微电网的研究综述. 电器与能效管理技术, 2015, 4: 1-6.

[21] 李俊. 基于事件触发的光伏发电系统电压稳定控制. 株洲: 湖南工业大学, 2019.

第 4 章　离散系统与微电网事件触发的脉冲控制

借助通信网络来控制被控对象已成为一种发展趋势，由于网络通信的特征，要求信号进行离散化传输。因此，本章将上一章连续系统事件触发的问题推广到离散系统，对传统的事件触发的控制(ETC)加以改进，以此获得具有非平凡性的 I-ETC。为了解决微电网中的稳定控制问题，保证微电网在并网和孤岛两种模式下的安全运行，结合事件触发的脉冲控制(ETIC)提出了一种用于不间断电源(UPS)的电压源变换器混合控制方案。

4.1　离散系统基于事件触发的脉冲控制

本章主要是通过事件触发控制(ETC)的思想，研究一般的离散时滞系统 (Discrete-time Delayed System，DDS)与离散时滞网络(Discrete-time Delayed Network，DDN)在 ETC 下的稳定性问题。针对 DDS 提出了改进 ETC 即 I-ETC(Improved ETC，I-ETC)和事件触发的脉冲控制(ETIC)方案，并分别给出了在 I-ETC 和 ETIC 算法下的 DDS 与 DDN 的指数稳定判据。通过 ETC 和 ETIC 算法，实现离散网络指数稳定和输入状态稳定。对 ETC 引入检测周期，并建立离散时间延迟不等式以此估计 DDS 时滞的大小，解决了对具有不同脉冲时间序列的多子系统动态网络的稳定问题。为了评估控制方案的性能，提出了控制率和控制成本函数的概念。

4.1.1　概述

近几年来，ETC 已成为控制领域的热门研究方向。采用 ETC 能有效地利用有限的网络资源，达到所要的控制目的。对离散系统而言，主要有如下控制方法：基于 ETC 的离散时间系统的稳定性分析[1-4]、ETC 的模型预测控制[5]、受干扰或参数变化的 ETC[6,7]、通过 ETC 和自触发的联合控制[8]以及动态阈值的 ETC[2]。

在 ETC 设计中存在如下关键问题，ETC 的事件触发主要依赖于系统状态，当违反阈值条件时，事件才会被触发。在连续时间系统和网络中，在 ETC 中要求存在非 Zeno 行为[9,10]，即每两个连续 ETC 的间隔大于正常数。此外，在离散时间系统中，要求 ETC 是非平凡的[1]。另外，在 ETC 的设计中还需要解决非 Zeno 和非平凡性的问题，为此，Dashkovskiy 等人和 Liu 等人在混合动态系统中分析了非 Zeno 情形，并提出了一种可行的解决非 Zeno 问题的方法[11-14]。

　　动态网络 ETC 的另一个关键问题是网络中的每个子系统都有各自的事件触发瞬间序列，所有子系统不可能共享同一个事件触发瞬间序列，这对 ETC 下网络的稳定性分析带来了极大困难。在 Dashkovskiy 等人的研究中讨论了事件触发瞬间序列[15]，通过将所有脉冲瞬间序列组合并重新排序成新的脉冲瞬间序列，给出了具有不同脉冲瞬间序列的脉冲网络稳定性方案[16]。在 ETC 中，事件触发瞬间序列是不可预测、随机变化的并且依赖于系统状态，因此难以将这些事件的瞬间序列组合和排序。此外，对于网络系统，时滞是无法避免的。除了上述问题外，对离散时间系统的 ETC 可能比连续时间系统的 ETC 面临更多困难，例如，在事件触发的瞬间，离散时间系统的事件触发条件可能不再是一个等式，而在连续时间系统的情况下，由其连续性所决定事件触发条件必定是一个方程等式。这种事件触发条件(严格)不等式给 ETC 下的状态估计带来了困难，因此它可能导致得到的触发条件比较保守。

　　本章的目的是为了解决上述 ETC 的关键问题，为离散时滞系统(DDS)和网络(DDN)设计合适的 ETC 方案，使得受控的 DDS 与网络能获得所要求的稳定性。通过在 ETC 中引入检查周期，建立离散时间时滞不等式(Discrete-time Delayed Inequality，DDI)的一般输入状态稳定(ISS)估计来解决这个问题。

4.1.2　离散时滞系统模型

　　离散时滞系统模型为

$$\mathrm{S}:\begin{cases} x(k+1)=f(k,x(k),x(k-\tau(k)),u(k)), & k\geqslant k_0 \\ x(k_0+\theta)=x_0(\theta), & \forall\theta\in[-\tau,0] \end{cases} \tag{4-1}$$

其中，系统状态 $x(k)\in\mathbb{R}^n$；对 $\forall k\geqslant k_0$，连续函数 $f:\mathbb{R}_+\times\mathbb{R}^n\times\mathbb{R}^n\times\mathbb{R}^m\to\mathbb{R}^n$，且满足 $f(k,0,0,0)=0$；$\tau(k)$ 为时滞项，且满足 $0\leqslant\tau(k)\leqslant\tau<\infty$，其中 $\tau(k)\in\mathbb{N}$，且 $\tau\in\mathbb{N}$ 为最大时滞；$u(k)\in\mathbb{R}^m$ 为控制输入；对 $k_0\in\mathbb{N}$，(k_0,x_0) 为初始条件。

　　将 $\|x_0\|_\tau$ 定义为

$$\|x_0\|_\tau \overset{\mathrm{def}}{=} \max_{\theta\in[-\tau,0]}\{\|x_0(\theta)\|\}$$

　　定义 4.1：当闭环系统的解 $x(k)$ 满足时，DDS 式(4-1)在控制律 $u(k)=\psi(x(k))$ 下以 $\alpha>0$ 的收敛速度指数稳定。对常数 $K>0$，$\alpha>0$，有

$$\|x(k)\|\leqslant Ke^{-\alpha(k-k_0)}\|x_0\|_\tau, \quad k\geqslant k_0 \tag{4-2}$$

　　引理 4.1[17]：在控制律 $u(k)=\psi(x(k))$ 下，若存在一个类 Lyapounov 函数 $V:\mathbb{R}^n\to\mathbb{R}_+$，使得对 $c_2\geqslant c_1>0$，$a_i\geqslant0$ 和对 $i=1,2$，有

$$c_1\|x\|^r\leqslant V(x)\leqslant c_2\|x\|^r \tag{4-3}$$

$$V(x(k+1))|_{(4-1)} \le a_1 V(x(k)) + a_2 V(x(k-\tau(k))) \tag{4-4}$$

其中，$a_1 + a_2 < 1$，则 DDS 式 (4-1) 是指数稳定的。

现在，通过使用引理 4.1，对 DDS 式 (4-1) 的指数稳定给出以下假设。

假设 4.1：对 DDS 式 (4-1)，假设存在一个经典状态反馈控制 (State Feedback Control，SFC) 为

$$u(k) = \psi(x(k)), \quad k \in \mathbb{N} \tag{4-5}$$

另外，存在类 Lyapunov 函数 $V : \mathbb{R}^n \to \mathbb{R}_+$，使得不等式 (4-3) 和式 (4-4) 成立。因此，通过引理 4.1 和经典 SFC 式 (4-5)，得到 DDS 式 (4-1) 是指数稳定的。

4.1.3　ETC 下的 DDS 稳定性分析

假设 4.2：对经典 SFC 式 (4-5) 和类 Lyapunov 函数 V 成立。

Eqtami 等人设计的 ETC[1]：将控制 $u(k)$ 设计为

$$u(k) = \psi(x(k_i)), \quad k \in [k_i, k_{i+1}], \quad i \in \mathbb{N} \tag{4-6}$$

其中，序列 $\{k_i : i \ge 1, i \in \mathbb{N}\}$ 由一些算法所确定的事件触发瞬间组成。

对 $\forall k \in [k_i, k_i + 1)$，将 $[k_i, k_i + 1)$ 上的误差 $e(k)$ 定义为 $e(k) = x(k_i) - x(k)$，然后，通过式 (4-6)，闭环系统可表示为：对 $k \in [k_i, k_i + 1)$，且 $i \in \mathbb{N}$，有

$$x(k+1) = f(x(k), x(k-\tau(k)), \psi(e(k) + x(k))) \tag{4-7}$$

假设 4.3：假设常数 $b_1 > 0$，$b_2 > 0$ 且满足 $b_1 + b_2 < 1$，$\gamma \in K_\infty$，$k \in [k_i, k_{i+1}]$，有

$$V(x(k+1))|_{(4-7)} = b_1 V(x(k)) + b_2 V(x(k-\tau)) + \gamma(\| e(k) \|) \tag{4-8}$$

通过假设 4.3 可推导出对误差 $e(k)$，DDS 式 (4-7) 是 ISS。此外，在式 (4-8) 中，对 $i = 1, 2$，可得 $b_i \ge a_i$。

对 DDS 式 (4-1) 给出完整 ETC 方案：对 $\mu_1 \ge 0$，且 $\mu_2 \ge 0$，有

$$\text{ETC} : \begin{cases} u(k) = \psi(x(k_i)), \quad k \in [k_i, k_{i+1}) \\ k_{i+1} = k_i + \Delta k_i, \\ \Delta k_i = \min\{s : s \ge 1, \| e(k_i + s) \| \ge \gamma^{-1}(\mu_1 V(x(k_i + s)) + \mu_2 V(x(k_i + s - \tau(k)))) \} \end{cases} \tag{4-9}$$

定理 4.1：为满足假设 4.3，假设对 $i = 1, 2$，在 ETC 式 (4-9) 中的常数 μ_i 满足

$$\sum_{j=1}^{2} \mu_j < 1 - \sum_{j=1}^{2} b_i \tag{4-10}$$

则 DDS 式 (4-1) 在 ETC 式 (4-9) 下是指数稳定的。

证明：

通过选择 ETC 式 (4-9) 中 k_i 事件触发瞬间，可得

$$\gamma(\| e(k) \|) \leqslant \mu_1 V(x(k)) + \mu_2 V(x(k-\tau)), \quad k \in [k_i, k_{i+1}) \tag{4-11}$$

对 $k \in [k_i, k_{i+1})$，由式 (4-8) 和式 (4-11) 可得

$$V(x(k+1)) \leqslant (b_1 + \mu_1) V(x(k)) + (b_2 + \mu_2) V(x(k-\tau)) \tag{4-12}$$

由式 (4-12) 可推导出

$$V(x(k+1)) \leqslant \lambda_1 V(x(k)) + \lambda_2 V(x(k-\tau)), \quad k \in [k_i, k_{i+1}) \tag{4-13}$$

其中，由式 (4-10) 可知，对 $i=1,2$，$\lambda_i = b_i + \mu_i$，且满足 $\lambda_1 + \lambda_2 < 1$。

通过引理 4.1，若存在常数 $\alpha > 0$ 和 $K > 0$，可得

$$V(x(k)) \leqslant K e^{-\alpha(k-k_0)} \overline{V}(k_0) \tag{4-14}$$

其中，$\overline{V}(k_0) = \max\limits_{-\tau \leqslant s \leqslant 0} \{V(x(k_0 + s))\}$。

通过式 (4-3) 和式 (4-14)，DDS 式 (4-1) 在满足 ETC 式 (4-9) 的式 (4-6) 下是指数稳定的。

定义 4.2：若 $\min_{i \in \mathbb{N}} \{k_{i+1} - k_i\} \geqslant 2$，则以 $\{k_i\}$ 作为事件触发瞬间序列的 ETC 具有非平凡性。

4.1.4　I-ETC 下的 DDS 稳定性分析

在设计 I-ETC 方案中，由式 (4-7) 可得，在 $k = k_i$ 处，设计控制 $u(k_i) = \psi(x(k_i))$ 且满足经典 SFC 式 (4-5)，并输入到 DDS 式 (4-1) 中，使得状态 $x(k)$ 在 $k = k_i + 1$ 处收敛。因此，k_{i+1} 仅需要满足 $k_{i+1} \geqslant k_i + 2$，就可保证 ETC 具有非平凡性。

现对 $k_0 = 0$ 的 $\{k_i\}$ 算法，设计一种 I-ETC 方案为

$$\text{I-ETC}: \begin{cases} u(k) = \psi(x(k_i)), \quad k \in [k_i, k_{i+1}) \\ k_{i+1} = k_i + 1 + \Delta_i, \quad \text{若 } \Psi_i \neq \varnothing \\ \Delta_i = \min\{s : s \in \Psi_i\}, \\ \Psi_i \overset{\text{def}}{=} \{s : 1 \leqslant s \leqslant \Delta, V(x(k_i + 1 + s)) \geqslant \mu V(x(k_i + 1))\}, \\ k_{i+1} = k_i + 1 + \Delta, \quad \text{若 } \Psi_i = \varnothing \end{cases} \tag{4-15}$$

其中，$\mu > 1$ 为常数；对 $\Delta \geqslant \max\{\tau, 1\}$，$\Delta \in \mathbb{N}$ 为检查周期（一般为一个相对较大的实数）。

通过 I-ETC 式 (4-15)，若当 $\Delta > 0$ 时，事件触发条件 $V(x(k)) \geqslant \mu V(x(k_i + 1))$ 没有触发，则控制信号 $u(k)$ 将在检查周期[18]结束时更新，即 $k_{i+1} = k_i + 1 + \Delta$，因此，

常将 $\Delta > 0$ 用于周期性的检查，即使 $V(x(k)) \geq \mu V(x(k_i+1))$ 从未触发，对 $i \in \mathbb{N}$，在 $k_{i+1} = k_i + 1 + \Delta$ 处，存在事件触发。

在 I-ETC 式 (4-15) 下，DDS 式 (4-1) 成为具有脉冲的 DDS，表示为

$$\begin{cases} x(k+1) = f(x(k), x(k-\tau), \psi(e(k) + \tilde{e}(k))), & k \in [k_i+1, k_{i+1}) \\ x(k+1) = f(x(k), x(k-\tau), \psi(x(k))), & k = k_i \end{cases} \tag{4-16}$$

其中，对 $\forall k \in (k_i, k_{i+1}) = [k_i+1, k_{i+1})$，$\tilde{e}(k) = x(k_i) - x(k)$。

假设 4.4：假设在式 (4-8) 中，对 $\lambda > 0$，$m > 0$ 和 $\forall s \in \mathbb{R}_+$，可得 $\gamma(s) = \lambda s^m$。

为简化本小节后续证明和表示，做出如下定义：

$$\mu_1^* \overset{\text{def}}{=} \max \left\{ 1, \frac{c_1(1-b_1-b_2)}{\lambda C_m} - 1 \right\}$$

$$\mu_2^*(\alpha) \overset{\text{def}}{=} \frac{2e^{\alpha}}{\left(b_1 + b_2 + \dfrac{\lambda C_m}{c_1} + \sqrt{\left(b_1 + b_2 + \dfrac{\lambda C_m}{c_1} \right)^2 + \dfrac{4\lambda C_m e^{\alpha}}{c_1}} \right)}$$

其中，$\alpha > 0$；$C_m \overset{\text{def}}{=} \begin{cases} 2^{m-1}, & m \leq 1 \\ 1, & 0 < m < 1 \end{cases}$。

定理 4.2：若满足假设 4.1、假设 4.2、假设 4.3 和假设 4.4，并假设在 I-ETC 式 (4-15) 中的 μ 满足

$$\mu_1^* < \mu < \mu_2^*(\alpha) \tag{4-17}$$

其中，$\alpha > 0$ 为等式的唯一根，且满足

$$b_2 e^{\alpha(\tau+1)} + b_1 e^{\alpha} - 1 = 0 \tag{4-18}$$

可得 DDS 式 (4-1) 在 I-ETC 式 (4-15) 下是指数稳定的，且具有非平凡性。

证明：

首先，证明式 (4-18) 具有唯一的根 $\alpha > 0$。定义函数 $h(s)$ 为：对 $\forall s \geq 0$，$h(s) = b_2 e^{(\tau+1)s} + b_1 e^s - 1$。显然，对 $\forall s \geq 0$，有 $\dot{h}(s) \geq 0$，由此可得 $h(s)$ 严格增加。通过假设 4.1，可得 $h(0) < 0$ 和 $h(+\infty) = \infty$，则式 (4-18) 具有唯一的根 $\alpha > 0$。因此式 (4-15) 具有非平凡性，且具有脉冲的 DDS 式 (4-16) 是指数稳定的。

若 $\Psi_i = \varnothing$，$k_{i+1} = k_i + 1 + \Delta$，则可推导出

$$k_{i+1} - k_i = 1 + \Delta \geq 2 \tag{4-19}$$

通过 I-ETC 式 (4-15)，可得

$$V(x(k_i+1+s)) < \mu V(x(k_i+1)), \quad 1 \leq s \leq k_{i+1} - k_i \tag{4-20}$$

此外，由式 (4-8) 可得 $V(x(k_i+1)) \leqslant b_1 V(x(k_i)) + b_2 V(x(k_i-\tau))$，通过假设 4.2 和文献[19]定理 2 中 (i)，可得

$$V(x(k_i+1)) \leqslant e^{-\alpha} \bar{V}(x(k_i))_\tau \tag{4-21}$$

其中，$\bar{V}(x(k_i))_\tau \overset{\text{def}}{=} \max_{-\tau \leqslant s \leqslant 0} \{V(x(k+s))\}$；$\alpha > 0$ 为式 (4-18) 的根。

由于在 $k=k_i$ 时，DDS 式 (4-16) 通过脉冲进行复位，则 $\bar{V}(x(k_i))_\tau = V(x(k_{i+1}))$。由式 (4-20)、式 (4-21) 和 $\Delta \geqslant \max\{\tau,1\}$，可得

$$\bar{V}(x(k_{i+1}))_\tau \leqslant \mu \bar{V}(x(k_i+1))_\tau \leqslant \mu e^{-\alpha} \bar{V}(x(k_i))_\tau \tag{4-22}$$

若 $\Psi_i \neq \varnothing$，通过 I-ETC 式 (4-15)，可得

$$V(x(k_i+1+s)) \leqslant \mu V(x(k_i+1)), \quad 1 \leqslant s \leqslant \Delta_i - 1 \tag{4-23}$$

$$V(x(k_{i+1})) \geqslant \mu V(x(k_i+1)) \tag{4-24}$$

通过 I-ETC 式 (4-15) 中的事件触发条件和假设 4.4，对 $\forall k \in (k_i+1, k_{i+1})$，可得

$$
\begin{aligned}
\gamma(\| \tilde{e}(k) \|) &\leqslant \lambda \| x(k_i) - x(k) \|^m \\
&\leqslant \lambda \left(\left(\frac{V(x(k_i))}{c_1} \right)^{\frac{1}{m}} + \left(\frac{\mu V(x(k_i+1))}{c_1} \right)^{\frac{1}{m}} \right)^m \\
&\leqslant \left(\frac{\lambda C_m}{c_1} \right) (V(x(k_i)) + \mu V(x(k_i+1)))
\end{aligned}
\tag{4-25}
$$

其中，$C_m \overset{\text{def}}{=} \begin{cases} 2^{m-1}, & m \leqslant 1 \\ 1, & 0 < m < 1 \end{cases}$。

通过式 (4-8) 和式 (4-25)，对 $\forall k \in [k_i+1, k_{i+1})$，可得

$$V(x(k+1)) \leqslant b_1 V(x(k)) + b_2 V(x(k-\tau)) + \frac{\lambda C_m}{c_1} (V(x(k_i)) + \mu V(x(k_i+1))) \tag{4-26}$$

其中，$\rho_1 \overset{\text{def}}{=} b_1 + b_2 + (1+\mu)(\lambda C_m / c_1)$；$\tau^* \overset{\text{def}}{=} \max\{\Delta, \tau\}$；通过 $\Delta \geqslant \tau$，有 $\tau^* = \Delta$；通过 $\mu > \mu_1^*$，有 $\rho_1 > 1$；通过文献[34]中的定理 2，可得

$$V(x(k)) \leqslant \rho_1^{k-k_i-1} \bar{V}(x(k_i+1))_{\tau^*}, \quad k \in (k_i+1, k_{i+1}] \tag{4-27}$$

由式 (4-27) 可推导出

$$V(x(k_{i+1})) \leqslant e^{\Delta_i \ln \rho_1} \bar{V}(x(k_i+1))_{\tau^*} \tag{4-28}$$

其中，$\Delta_i = k_{i+1} - k_i - 1$；由式 (4-24) 和式 (4-28) 可得

$$k_{i+1} - k_1 = 1 + \Delta_i \geq 1 + \left\lceil \frac{\ln \mu}{\ln \rho_1} \right\rceil \geq 2, \quad \forall i \in \mathbb{N} \tag{4-29}$$

其中，$[r]$ 为不小于 r 的最小整数。

因此，由式(4-21)、式(4-22)、式(4-23)和式(4-28)可得 I-ETC 式(4-15)是非平凡的。

由式(4-21)、式(4-22)、式(4-23)、式(4-28)和 $\rho_1 > 1$，有

$$\bar{V}(x(k_i + 1))_\tau \leq e^{-\beta} \bar{V}(x(k))_\tau. \tag{4-30}$$

其中，$\beta = \alpha - \ln(\mu \rho_1)$，通过式(4-17)可得 $\mu < \mu_2^*(\alpha)$，$\beta > 0$。由式(4-20)、式(4-21)、式(4-23)、式(4-27)和式(4-30)，对 $\forall i \in \mathbb{N}$，可得

$$V(x(k)) \leq \rho_1^\Delta \mu \bar{V}(x(k))_\tau \leq \rho_1^\Delta \mu^{-\beta i} \bar{V}(x_0)_\tau, \quad k \in [k_i, k_i + 1) \tag{4-31}$$

其中，对 $\theta \in [-\tau^*, -\tau]$，设置 $x_0(\theta) = x_0(-\tau)$。通过式(4-3)和式(4-31)，对 $\forall i \in \mathbb{N}$，$k_{i+1} - k_i \leq \Delta + 1$，则可得 DDS 式(4-1)在 I-ETC 式(4-15)下是指数稳定的。

4.1.5 ETIC 下的 DDS 稳定性分析

将脉冲控制引入至 I-ETC 式(4-15)中，并对 $k_0 = 0$ 的 $\{k_i\}$ 算法给出一种 ETIC 方案为

$$\text{ETIC:} \begin{cases} u(k) = \psi(x(k_i)), & k = k_i, \ u(k) = 0, \quad k \in (k_i, k_{i+1}) \\ k_{i+1} = k_i + 1 + \Delta_i, & \Psi_i \neq \varnothing \\ \Delta_i = \min\{s : s \in \Psi_i\}, \\ k_{i+1} = k_i + 1 + \Delta, & \Psi_i = \varnothing \end{cases} \tag{4-32}$$

其中，对 $\mu > 1$，Ψ_i 与 I-ETC 式(4-15)中的定义相同；$\Delta \geq \max\{\tau, 1\}$，$\Delta \in \mathbb{N}$ 为检查周期(一般为一个相对较大的实数)。

在 ETIC 式(4-32)下，DDS 式(4-1)成为一个具有脉冲的 DDS，表示为

$$\begin{cases} x(k+1) = f(x(k), x(k-\tau), 0), & k \in (k_i + 1, k_{i+1}) \\ x(k+1) = f(x(k), x(k-\tau), \psi(x(k))), & k = k_i \end{cases} \tag{4-33}$$

假设 4.5：假设存在常数 $\xi_1 > 0$，$\xi_2 > 0$ 且满足 $\xi_1 + \xi_2 \geq 1$，有

$$V(x(k+1))|_{u(k)=0} \leq \xi_1 V(x(k)) + \xi_2 V(x(k-\tau)), \quad k \in \mathbb{N} \tag{4-34}$$

定理 4.3：若满足假设 4.3、假设 4.4 和假设 4.5，并假设 ETIC 式(4-32)中 μ 满足

$$1 < \mu < \mu_3^*(\alpha) \overset{\text{def}}{=} \frac{e^\alpha}{\xi_1 + \xi_2} \tag{4-35}$$

其中，$\alpha > 0$ 为式(4-18)的根；可得 ETIC 式(4-32)具有非平凡性；DDS 式(4-1)在式 ETIC 式(4-32)下是指数稳定的。

证明：

$\rho_2 \overset{\text{def}}{=} \xi_1 + \xi_2$，用 ρ_2 代替 ρ_1，用 τ 代替 τ^*，通过类似定理 4.2 的证明，可得

$$k_{i+1} - k_i \geqslant 1 + \left\lceil \frac{\ln \mu}{\ln \rho_2} \right\rceil \geqslant 2, \quad \forall i \in \mathbb{N} \tag{4-36}$$

$$V(x(k)) \leqslant \rho_2^\Delta \mu \mathrm{e}^{-\beta i} \overline{V}(x_0)_\tau, \quad k \in [k_i + 1, k_{i+1}) \tag{4-37}$$

其中，$\beta = \alpha - \ln(\mu\rho_2)$；通过式(4-35)可得 $\beta > 0$。

由式(4-3)、式(4-36)、式(4-37)和 $k_{i+1} - k_i \leqslant \Delta + 1$，可得 ETIC 式(4-32)具有非平凡性，DDS 式(4-1)在 ETIC 式(4-32)下是指数稳定的。

4.2 事件触发下的微电网与 UPS 混合控制

4.2.1 概述

在本小节中，将利用事件触发的脉冲原理，对一类微电网中的 ISS 控制问题进行分析。为了保证微电网能同时在并网和孤岛两种模式下正常运行，本节提出了一种用于不间断电源的电压源变换器(VSC)混合控制方案，根据公共耦合点的电压与其参考电压之间的电压误差，设计出基于事件触发控制的阈值条件，根据阈值条件进行脉冲控制切换，并针对负载切投扰动和孤岛切投扰动两种情况，对电压源变换器的输入状态稳定性进行测试。

Liu 等人提出了一种被应用于不间断电源的电压源变换器的混合控制方法[20,21]。控制不间断电源的主要目的是在负载电流存在不平衡和畸变的情况下，在 PCC 处保持电压平衡。即使在电压凹陷或膨胀的情况出现时，它还能控制 PCC 的电压的大小到一个预先指定的值，含单相不间断电源的配电系统示意图如图 4-1 所示。

在图 4-1 中，电压源变换器的输出端连接 LC 滤波器，对开关谐波进行滤波。在滤波器电感电流和滤波器电容电压控制的双重作用下，实现了对整个电容器的 PCC 电压的控制。根据 PCC 电压与参考电压之间的电压误差，采用混合控制方式进行控制设计。即在各连续空间中均具有状态反馈控制规律，并具有电流和电压控制方式的切换。此外，在该方案中，通过反并联二极管传导，采用脉冲电压源变换器输出电流控制，在关闭所有开关时，电感器电流迅速降至零，以避免电容器的电压升高。此外，还选用了一种小型的滤波器电感，以帮助电容器在接通开关时快速充电，减少开关损耗。

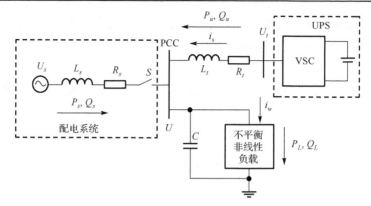

图 4-1　单相不间断电源的配电系统示意图

4.2.2　电压源变换器模型

电容电压的电压源变换器的混合控制原理图如图 4-2 所示。

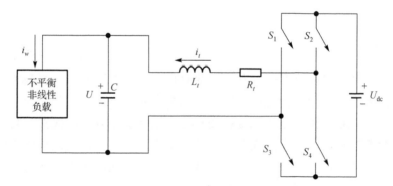

图 4-2　电压源变换器的混合控制原理图

电压源变换器单元模型可被描述为

$$\begin{cases} \dot{\boldsymbol{x}}(t) = (\boldsymbol{A}_k + \Delta \boldsymbol{A}_k)\boldsymbol{x}(t) + (\boldsymbol{B}_k + \Delta \boldsymbol{B}_k)\boldsymbol{u}(t) + \boldsymbol{D}_k \boldsymbol{\omega}_c, & t \neq t_k \\ \Delta \boldsymbol{x} = \boldsymbol{C}_k \boldsymbol{x}(t) + \boldsymbol{E}_k \boldsymbol{\omega}_d, & t = t_k \end{cases} \tag{4-38}$$

其中，$\boldsymbol{x} = (U, i_t)^{\mathrm{T}}$ 为系统状态；$\boldsymbol{u}(t)$ 为控制输入；$\boldsymbol{\omega}_c = i_\omega$ 为不平衡非线性负载电流，被认为是一种干扰信号；$\boldsymbol{\omega}_d = \Delta i_\omega$ 为不平衡非线性负载脉冲电流；t_k 为反并联二极管在闭合与断开之间切换的瞬间，其中瞬间 $\{t_k : k \in \mathbb{N}\}$ 满足 $0 \leqslant t_0 < t_1 < \cdots$；$\boldsymbol{A}_k$、$\boldsymbol{B}_k$、$\boldsymbol{C}_k$、$\boldsymbol{D}_k$ 和 $\boldsymbol{E}_k$ 为系数矩阵且满足

$$\boldsymbol{A}_k = \begin{bmatrix} 0 & \dfrac{1}{c} \\ -\dfrac{1}{L_t} & -\dfrac{R_t}{L_t} \end{bmatrix}; \quad \boldsymbol{B}_k = \begin{bmatrix} 0 \\ \dfrac{U_{\mathrm{dc}}}{L_t} \end{bmatrix}; \quad \boldsymbol{D}_k = \begin{bmatrix} -1 \\ 0 \end{bmatrix}; \quad \boldsymbol{E}_k = \begin{bmatrix} 0 \\ 1 \end{bmatrix}$$

$$C_k = \begin{cases} \begin{bmatrix} 0 & 0 \\ 0 & -1 \end{bmatrix}, & k\text{为奇数} \\ \begin{bmatrix} 0 & 0 \\ 0 & 1 \end{bmatrix}, & k\text{为偶数} \end{cases}$$

ΔA_k 和 ΔB_k 为不确定矩阵，分别表示为

$$\Delta A_k = \begin{bmatrix} 0 & 0 \\ \lambda & \lambda R_t - \dfrac{\Delta R_t}{L_t + \Delta L_t} \end{bmatrix}; \quad \Delta B_k = \begin{bmatrix} 0 \\ -\lambda U_{\text{dc}} \end{bmatrix}$$

其中，$\lambda = \dfrac{1}{L_t} - \dfrac{1}{L_t + \Delta L_t}$；$\Delta R_t$ 和 ΔL_t 分别为 R_t 和 L_t 的不确定项。

在此，将连续系统离散化，取步长为 T，令 $t = kT$，有

$$\begin{cases} [\boldsymbol{x}((k+1)T) - \boldsymbol{x}((k)T)] / T = (\boldsymbol{A}_k + \Delta \boldsymbol{A}_k)\boldsymbol{x}(kT) + (\boldsymbol{B}_k + \Delta \boldsymbol{B}_k)\boldsymbol{u}(kT) + \boldsymbol{D}_k \boldsymbol{\omega}_c \\ \boldsymbol{x}(kT) = \boldsymbol{C}_k \boldsymbol{x}(kT) + \boldsymbol{E}_k \boldsymbol{\omega}_d \end{cases} \tag{4-39}$$

离散化后的电压源变换器单元模型为

$$\begin{cases} \boldsymbol{x}((k+1)T = (\boldsymbol{I} + \boldsymbol{A}_k T + \Delta \boldsymbol{A}_k T)\boldsymbol{x}(kT) + (\boldsymbol{B}_k + \Delta \boldsymbol{B}_k)T\boldsymbol{u}(kT) + \boldsymbol{D}_k T \boldsymbol{\omega}_c \\ \boldsymbol{x}(kT) = \boldsymbol{C}_k \boldsymbol{x}(kT) + \boldsymbol{E}_k \boldsymbol{\omega}_d \end{cases} \tag{4-40}$$

其中，$\boldsymbol{I}$ 为单位矩阵。

对于第 k 个连续空间，状态反馈控制律设置为

$$u = \boldsymbol{K}_k (U - U_{\text{ref}}, i_t)^{\text{T}} \tag{4-41}$$

其中，$\boldsymbol{K}_k$ 为反馈增益矩阵；U_{ref} 为参考电压。

4.2.3 事件触发策略

根据电压源变换器单元模型，将电压事件触发条件设置为

$$|U_t - U_{\text{ref}}| \geqslant \Delta U \tag{4-42}$$

其中，U_t 为微电网关键节点处的电压状态；U_{ref} 为微电网电压参考值；ΔU 为大于零的常数，表示稳定范围。

电压源转换器的切换控制由滤波电感电流 i_t 和滤波电容电压 U 两部分组成。根据区域的不同，控制决策将在基于滤波电感电流 i_t 的控制模式和基于滤波电容电压 U 的控制模式之间切换。在这里，为了使 PCC 电压能够跟踪正弦参考电压，将一个正弦周期分为四个区域。

在每个区域，当 PCC 电压与其参考电压之间的电压误差超出稳定范围时，进

行触发控制，此时控制切换基于滤波电感电流 i_t 的控制模式，切换控制律是基于滤波电感电流 i_t 制定的；当 PCC 电压与其参考电压之间的电压误差在稳定范围内，此时控制切换基于滤波电容电压 U 的控制模式，切换律是基于 U 设计的。

为此，根据区域给出所有的脉冲切换控制。在此，h_i 为电流上限；h_U 为电压取值范围的上限；h_L 为电压取值范围的下限。

(1)区域 1。

①当 $|U-U_{ref}| \geqslant \Delta U$ 时，如果 $i_t \geqslant h_i$，则 $S_{1,2,3,4}=0$；如果 $i_t \leqslant 0$，则 $S_{1,4}=1$，$S_{2,3}=0$。

如果 $i_t \geqslant h_i$，则开关 1、2、3、4 全部处于断开状态，此时处于孤岛运行模式；如果 $i_t \leqslant 0$，开关 1、4 处于闭合状态，2、3 处于断开状态，此时处于并网运行模式。

②$|U-U_{ref}| < \Delta U$ 时，如果 $U \geqslant U_{ref}+h_U$，则 $S_{1,2,3,4}=0$；如果 $U \leqslant U_{ref}+h_L$，则 $S_{1,4}=1$，$S_{2,3}=0$。

如果 $U \geqslant U_{ref}+h_U$；则开关 1、2、3、4 全部处于断开状态，此时处于孤岛运行模式；如果 $U \leqslant U_{ref}+h_L$，开关 1、4 处于闭合状态，2、3 处于断开状态，此时处于并网运行模式。

(2)区域 2。

①当 $|U-U_{ref}| \geqslant \Delta U$ 时，如果 $i_t \geqslant 0$，则 $S_{1,4}=1$，$S_{2,3}=0$；如果 $i_t \leqslant h_i$，则 $S_{1,2,3,4}=0$。

如果 $i_t \geqslant 0$，则开关 1、4 处于闭合状态，2、3 处于断开状态，此时处于并网运行模式；如果 $i_t \leqslant h_i$，则开关 1、2、3、4 全部处于断开状态，此时处于孤岛运行模式。

②当 $|U-U_{ref}| < \Delta U$ 时，如果 $U \geqslant U_{ref}+h_L$，则 $S_{1,4}=1$，$S_{2,3}=0$；如果 $U \leqslant U_{ref}-h_U$，则 $S_{1,2,3,4}=0$。

如果 $U \geqslant U_{ref}+h_L$，则开关 1、4 处于闭合状态，2、3 处于断开状态，此时处于并网运行模式；如果 $U \leqslant U_{ref}-h_U$，则开关 1、2、3、4 全部处于断开状态，此时处于孤岛运行模式。

(3)区域 3。

①当 $|U-U_{ref}| \geqslant \Delta U$ 时，如果 $i_t \leqslant -h_i$，则 $S_{1,2,3,4}=0$；如果 $i_t \geqslant 0$，则 $S_{1,4}=1$，$S_{2,3}=0$。

如果 $i_t \leqslant -h_i$，则开关 1、2、3、4 全部处于断开状态，此时处于孤岛运行模式；如果 $i_t \geqslant 0$，则开关 1、4 处于闭合状态，2、3 处于断开状态，此时处于并网运行模式。

②当 $|U-U_{\text{ref}}|<\Delta U$ 时，如果 $U \leqslant U_{\text{ref}}-h_U$，则 $S_{1,2,3,4}=0$；如果 $U \geqslant U_{\text{ref}}+h_L$，则 $S_{1,4}=1$，$S_{2,3}=0$。

如果 $U \leqslant U_{\text{ref}}-h_U$，则开关 1、2、3、4 全部处于断开状态，此时处于孤岛运行模式；如果 $U \geqslant U_{\text{ref}}+h_L$，则开关 1、4 处于闭合状态，2、3 处于断开状态，此时处于并网运行模式。

(4) 区域 4。

①当 $|U-U_{\text{ref}}| \geqslant \Delta U$ 时，如果 $i_t \leqslant 0$，则 $S_{1,4}=1$，$S_{2,3}=0$；如果 $i_t \geqslant h_i$，则 $S_{1,2,3,4}=0$。

如果 $i_t \leqslant 0$，则开关 1、4 处于闭合状态，2、3 处于断开状态，此时处于并网运行模式；如果 $i_t \geqslant h_i$，则开关 1、2、3、4 全部处于断开状态，此时处于孤岛运行模式。

②当 $|U-U_{\text{ref}}|<\Delta U$ 时，如果 $U \geqslant U_{\text{ref}}+h_U$，则 $S_{1,2,3,4}=0$；如果 $U \leqslant U_{\text{ref}}-h_L$，则 $S_{1,4}=1$，$S_{2,3}=0$。

如果 $U \geqslant U_{\text{ref}}+h_U$，则开关 1、2、3、4 全部处于断开状态，此时处于孤岛运行模式；如果 $U \leqslant U_{\text{ref}}-h_L$，则开关 1、4 处于闭合状态，2、3 处于断开状态，此时处于并网运行模式。

脉冲切换瞬间取决于状态、参考电压、电流上限和电压上限和下限。当存在不确定性时，通常对 $k \in \mathbb{N}$，难以计算 t_k，但是当系统是线性系统时，并且系统参数给定时，可以估计出 Δ_{sup} 和 Δ_{inf}。

4.2.4　UPS 的 VSC 混合控制仿真实验及分析

现已知电压源转换器 (VSC) 单元的参数：$R_t=1.5\Omega$，$L_t=50\mu\text{H}$，$C=50\mu\text{F}$，$U_{\text{dc}}=3.5\text{kV}$，$U_{\text{ref}}=\sin(314t)$，同时 $\Delta R_t \in [0.015, 0.015]\Omega$，$\Delta L_t \in [-1.5, 1.5]\mu\text{H}$。

控制增益矩阵 $\boldsymbol{K}_k$ 为

$$\boldsymbol{K}_k=\left[-\frac{1}{7}, -\frac{1}{7}\right] \times 10^{-3} \tag{4-43}$$

可得

$$\hat{A}_k=A_k+\Delta A_k+(\boldsymbol{B}_k+\Delta \boldsymbol{B}_k)\boldsymbol{K}_k \in N[A_k^{(1)}, A_k^{(2)}] \tag{4-44}$$

其中，对 $k \in \mathbb{N}$，可得

$$A_k^{(1)}=\begin{bmatrix} 0 & 2 \\ -3.09 & -4.09 \end{bmatrix} \times 10^4; \quad A_k^{(2)}=\begin{bmatrix} 0 & 2 \\ -2.91 & -3.91 \end{bmatrix} \times 10^4$$

下面针对负载切投扰动和孤岛切投扰动两种情况下，对电压源变换器的输入状态稳定性进行测试。

1）负载切投扰动对微电网电压稳定性的影响

在 $t=0s$ 时，不间断电源与公共电网相连。在 $t=0.02s$ 时，一个更不平衡的非线性负载被接入系统，公共电网保持恒定功率供电，新增负载的供电由不间断电源提供。在 $t=0.06s$ 时，新增的负载被切出。

在负载瞬变过程中，在负载切投扰动下的电感电流变化曲线如图 4-3 所示，由图可知，在负载切投扰动下，开关 S_1 和 S_4 闭合，电感电流为正；当开关 S_1 和 S_4 断开时，由于开关 S_2 和 S_3 已经处于断开状态，所以四个开关都处于断开状态。在 $t_1=0.006s$ 瞬间，电感电流迅速减少，在基于反并联二极管导通的脉冲控制下，电感电流迅速减小至零。当开关 S_2 和 S_3 闭合时，电感电流为负，而且当这两个开关 S_2 和 S_3 断开时，由于开关 S_1 和 S_4 已经处于断开状态，则四个开关 S_1、S_2、S_3 和 S_4 全部处于断开状态。同理在 $t_2=0.011s$ 瞬间，电感电流也迅速减小至零。在其他周期内电感电流变化也是类似情况。VSC 输出电流的不连续脉冲控制模式可以抑制电容器中不必要的电压升高，从而使 PCC 电压快速稳定到 ISS。

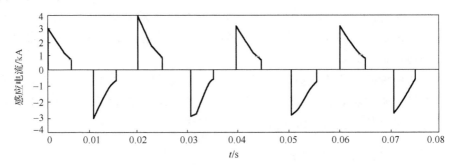

图 4-3　负载切投扰动下的电感电流变化曲线

负载瞬变过程中，在负载切投扰动下的 PCC 电压变化曲线如图 4-4 所示，与初始角为 0° 的参考电压相比，可以看出，当负载增加时，在 $t=0.02s$ 瞬间，PCC 电压角度具有 6° 左右延迟。这导致电压源变换器的输出功率增加，以满足新增负载供电。然而，当新增负载切出后，角度误差返回为零。

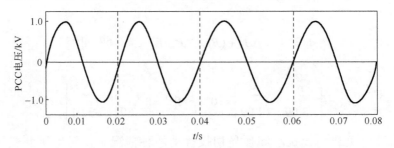

图 4-4　负载切投扰动下的 PCC 电压变化曲线

负载瞬变过程中,负载切投扰动下的 PCC 实际电压与参考电压间的误差曲线如图 4-5 所示,由图可知,PCC 电压与参考电压间的电压误差保持在参考电压幅值的 10%以内,这说明在参数不确定性和负载切投扰动下,公共耦合点电压相对于参考电压在较小的误差范围内达到稳定。因此,混合控制系统具有 ISS。

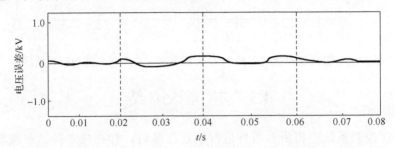

图 4-5　负载切投扰动下的 PCC 实际电压与参考电压间的误差曲线

2) 孤岛切投扰动对微电网电压稳定性的影响

微电网系统最初在 PCC 断路器处于闭合状态的并网模式下运行,在 $t = 0.02\text{s}$ 时,PCC 断路器突然断开。此时,公共电网不再为负载供电,负载总负荷功率由不间断电源提供,并且负载总负荷功率不超过不间断电源的额定功率。当 $t = 0.06\text{s}$ 时,断路器重新闭合。

PCC 断路器断开或闭合瞬变过程中,孤岛切投扰动下的 PCC 电压变化曲线如图 4-6 所示,由图可知,与参考电压相比,在 $t = 0.02\text{s}$ 时,进入的孤岛化运行的暂态过程中,PCC 电压角度快速稳定到一个新的角度(12°左右延迟),以增加功率输出,而且,这一角度直到 $t = 0.06\text{s}$ 孤岛重新闭合前会保持不变。

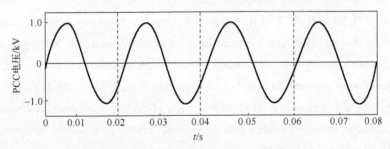

图 4-6　孤岛切投扰动下的 PCC 电压变化曲线

PCC 断路器断开或闭合瞬变过程中,孤岛切投扰动下的 PCC 实际电压与参考电压间的误差曲线如图 4-7 所示,由图可知,在整个孤岛化运行和 PCC 断路器重新闭合的暂态过程中,电压误差偏差保持在参考电压幅值的 20%以下。结果表明,即使存在严重的孤岛切投扰动时,该系统仍存在 ISS,且能正常工作。

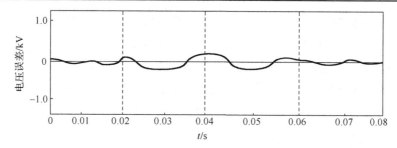

图 4-7　孤岛切投扰动下的 PCC 实际电压与参考电压间的误差曲线

4.3　本章小结

　　由于在控制系统中将所有组件进行物理连接时，存在成本高、系统复杂等缺点，从而需要借助通信系统完成控制系统内的信息交互，而通信系统的信息传输要求信息的离散化传输，所以本章主要设计了离散系统的基于事件触发的脉冲控制技术，首先建立 DDS 模型，通过 ETC、改进 ETC（I-ETC）和 ETIC 对 DDS 进行稳定性分析，通过理论证明，得到 DDS 稳定或指数稳定的判据；并通过事件触发下的微电网 UPS 混合控制中负载切投扰动和孤岛切投扰动对微电网电压性能的影响进行验证，形成事件触发下微电网 UPS 混合控制方案。

参 考 文 献

[1] Eqtami A, Dimarogonas D V, Kyriakopoulos K J. Event-triggered control for discrete-time systems//American Control Conference, 2010, 4719-4724.

[2] Brunner F D, Heemels W P M H, Allgower F. Dynamic thresholds in robust event-triggered control for discrete-time linear systems//European Control Conference, Aalborg, 2016.

[3] Xu Q, Zhang Y, He W, et al. Event-triggered networked H∞ control of discrete-time nonlinear singular systems. Applied Mathematics Computation, 2017, 298(1): 368-382.

[4] Liu B, Hill D J, Zhang C F, et al. Stabilization of discrete-time dynamical systems under event-triggered impulsive control with and without time-delays. Journal of Systems Science and Complexity, 2018, 31: 1-17.

[5] Lehmann D, Henriksson E, Johansson K H. Event-triggered model predictive control of discrete-time linear systems subject to distur-bances//European Control Conference, Zürich, 2013.

[6] Wu W, Reimann S, Gorges D, et al. Event-triggered control for discrete-time linear systems subject to bounded disturbance. International Journal of Robust Nonlinear Control, 2016, 26(9): 1902-1918.

[7] Golabi A, Meskin N, Toth R, et al. Event-triggered control for discrete-time linear parameter-varying systems//The American Control Conference, Boston, 2016.

[8] Hamda K, Hayashi N, Takai S. Event-triggered and self-triggered control for discrete-time average consensus problems. SICE Journal of Control, Measurement and System Integration, 2014, 7(5): 297-303.

[9] Heymann M, Lin F, Meyer G, et al. Analysis of Zeno behaviors in a class of hybrid systems. IEEE Transactions on Automatic Control, 2005, 50(3): 376-384.

[10] Or Y, Ames A D. Stability of Zeno equilibria in Lagrangian hybrid systems//The 47th IEEE Conference on Decision Control, Cancun, 2008.

[11] Dashkovskiy S, Feketa P. Zeno phenomenon in hybrid dynamical systems. PAMM, 2017, 17: 789-790.

[12] Dashkovskiy S, Feketa P. Prolongation and stability of Zeno solutions to hybrid dynamical systems. IFAC, 2017, 50(1): 3429-3434.

[13] Liu B, Hill D J, Sun Z J. Input-to-state-KL-stability with criteria for a class of hybrid dynamical systems. Applied Mathematics and Computation, 2018, 326: 124-140.

[14] Dashkovskiy S, Kosmykov M, Mironchenko A, et al. Stability of interconnected impulsive systems with and without time delays, using Lyapunov methods. Nonlinear Analysis: Hybrid Systems, 2012, 6(3): 899-915.

[15] Dashkovskiy S, Feketa P. Input-to-state stability of impulsive systems with different jump maps. IFAC, 2016, 49: 1073-1078.

[16] Dashkovskiy S, Feketa P. Input-to-state stability of impulsive systems and their networks. Nonlinear Analysis: Hybrid Systems, 2017, 26: 190-200.

[17] Liu B, Marquez H J. Razumikhin-type stability theorems for discrete delay systems. Automatica, 2007, 43: 1219-1225.

[18] Liu B, Hill D J, Sun Z J. Stabilisation to input-to-state stability for continuous-time dynamical systems via event-triggered impulsive control with three levels of events. IET Control Theory & Applications, 2018, 12(9): 1167-1179.

[19] Liu B, Hill D J, Sun Z J. Input-to-state exponents and related ISS for delayed discrete-time systems with application to impulsive effects. International Journal of Robust Nonlinear Control, 2018, 28(2): 640-660.

[20] Liu B, Dou C X, Hill D J. Robust exponential input-to-state stability of impulsive systems with an application in micro-grids. Systems & Control Letters, 2014, 65: 64-73.

[21] 黄金霞. 离散动态系统基于事件触发的脉冲控制及其应用研究. 株洲: 湖南工业大学, 2019.

第 5 章　基于分层控制策略的微电网混合技术

随着分布式能源的广泛使用，以及信息和通信技术以及各种电力电子控制设备的快速发展，电力系统正在经历着重大的变化。分布式电源并入配电网带来经济性和便利性的同时也给配电网带来了一些问题，例如，当出现大的扰动、故障或运行模式切换时会造成系统电压不稳甚至中断供电等。针对高渗透配电网，本章主要介绍分层混合控制，通过分层混合控制策略来提高配电网的稳定性、安全性和自愈能力，并通过对多个仿真试验验证了分层控制策略的有效性。

5.1　基于分层控制策略的微电网介绍

在复杂系统控制领域中混合控制理论被广泛研究[1,2]，作为一种有效的手段，该技术也在电力系统得到应用。Zhao 等人通过对多种电力系统运行状况的分析后，利用混合模型分析了离散可控设备与动态组件之间的混合动态行为[3]。Zhao 等人研究了带有载分接开关 (On-load Tap Changer，OLTC) 的混合动力系统的建模和切换稳定性分析[4]。Hill 等人研究了具有不同目标的全局混合控制[5]。Leung 等人提出电力系统稳定器 (Power System Stabilizer，PSS) 和电容器切换相结合的全局切换控制策略以实现整体主要动态问题的协调控制[6]。Hiskens 等人提出了一种用于电力系统建模的混合系统框架[7]。Dou 等人提出了一种基于混合系统理论的广域电力系统混合控制方案[8]。Dou 等人为了提高智能电力系统的综合性能提出了分层混合控制[9]。

在这些研究基础上，为解决在严重扰动下电力系统的安全性和经济性问题，并实现智能控制的目的，对电力系统提出了两层混合控制策略，该策略由上层离散控制策略层和下层多模式局部连续控制策略层组成。

5.2　两层混合控制的微电网系统

5.2.1　两层混合控制策略

两层混合控制结构图如图 5-1 所示，由上层离散控制策略层和下层多模式局部连续控制策略层组成。由于这两种控制策略的优先级不同，当两种控制策略同时运行时，上层离散控制策略层优先执行控制动作，在离散控制策略层切换运行模式后，则下层多模式局部连续控制策略层再调节相应运行模式下的动态调节。根据分层混合控制方案，上层离散控制策略层按区域协调进行设计，但下层多模式局部连续控制策略层以分散的方式进行设计。两种控制策略之间的相互作用包括直接和间接。从上层到下层，上层离散控制策略层负责切换 DER 单元的运行模式，使得交互方式是直接交互。相反，从下层到上层，相互作用是间接相互作用，即下层多模式局部连续控制策略层用来改变运行环境的状态，以触发上层离散控制策略层的调整。

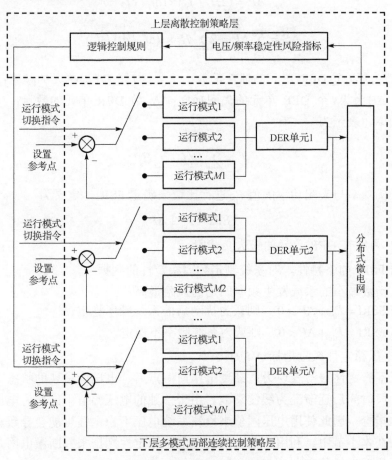

图 5-1　两层混合控制结构图

5.2.2　上层离散控制策略层

与上层离散控制策略层的控制连续动态行为有关的两种特征指标分别为：频

率稳定性风险指标(Frequency Stability Risk Index，FSRI)和电压稳定性风险指标(Voltage Stability Risk Index，VSRI)。

1)稳定性的特征指标

(1)频率稳定性风险指标(FSRI)。

对于 DER 单元的频率控制，与同步电机的频率控制(即转换器的电压)类似。因此，FSRI 可根据传统大型涡轮发电机组的扰动功率进行定义，根据频率变化的速度定义为

$$\Delta P_i = (2H_i / f_n) \times (\mathrm{d}f_i / \mathrm{d}t) \tag{5-1}$$

$$\Delta P_i = \sum_{i=1}^{N_c} \Delta P_i = 2\sum_{i=1}^{N_c} H_i \times ((\mathrm{d}f_c / \mathrm{d}t) / f_n) \tag{5-2}$$

其中，H_i 为第 i 个 DER 单元的惯性常数；f_i 为第 i 个 DER 单元的频率；f_n 为额定频率；ΔP_i 为第 i 个 DER 单元的失配功率；N_c 为 DER 单元的数量；f_c 为惯性中心的频率，表示为

$$f_c = \sum_{i=1}^{N_c} H_i f_i / \sum_{i=1}^{N_c} H_i \tag{5-3}$$

将干扰功率与失配功率阈值 P_{th} 进行比较来确定 FSRI，定义为

$$\mathrm{FSRI} = P_{\mathrm{th}} + \Delta P \tag{5-4}$$

其中，P_{th} 为所有 DER 单元的最大负载量。

根据 FSRI 如下特性，对系统制定频率稳定性的判据。

①负指数最小的系统发生频率凹陷的风险最高。

②若 $\mathrm{FSRI} = P_{\mathrm{th}} + \Delta P \geq 0$，则认为扰动后的系统频率稳定。

③若 $\mathrm{FSRI} = P_{\mathrm{th}} + \Delta P < 0$，则认为系统频率不稳定。

(2)电压稳定性风险指标(VSRI)。

电压不稳定性通常表现为：经过电压崩溃点后，电压所呈现的状态为先急剧下降，一段时间后逐渐变为缓慢衰减。由于单独的电压幅值不能作为电压不稳定性的可靠指标，因此使用电压阈值来检测系统电压不稳定性可能会导致获得错误的结果。在本小节中，利用 VSRI 的动态电压稳定性判据来判断微电网是否能够实现电压扰动后的稳定[10,11]。

通过电源管理单元(Power Management Unit，PMU)测量第 i 个特定母线电压 $V_i = [V_i^1, V_i^2, \cdots, V_i^m]^{\mathrm{T}}$，在 60Hz 系统中以 30 帧/s 的速率进行测量，在 50Hz 系统中以 25 帧/s 的速率进行测量，VSRI 的配置方案如下。

①N 个可用 PMU 测量值的第 j 个瞬时母线电压的漂移平均值为

$$V_i^{(j)} = \sum_{k=1}^{j} V_i^k / j, \quad j \in 1, 2, \cdots, N, \quad 若 j \leqslant N \tag{5-5}$$

$$V_i^{(j)} = \sum_{k=1}^{j} V_i^k / N, \quad j \in N+1, N+2, \cdots, N+m, \quad 若 j > N \tag{5-6}$$

②测得的电压 V_i^j 与第 j 个瞬间的移动平均值 $V_i^{(j)}$ 之间的比率为

$$C_i^j = \frac{V_i^j - V_i^{(j)}}{V_i^{(j)}} \times 100\%, \quad j \in 1, 2, \cdots, N \tag{5-7}$$

③通过将百分比曲线下的积分面积除以 N，可得第 j 个瞬间的值为

$$U_i^{(j)} = \sum_{k=1}^{j} (C_i^k + C_i^{k-1}) / 2j, \quad j \in 1, 2, \cdots, N, \quad 若 j \leqslant N \tag{5-8}$$

$$V_i^{(j)} = \sum_{k=j-N+1}^{j} (C_i^k + C_i^{k-1}) / 2N, \quad j \in N+1, N+2, \cdots, m, \quad 若 j > N \tag{5-9}$$

第 j 个瞬间的 VSRI 表示为

$$\text{VSRI}_i^{(j)} = U_{\text{th}} + U_i^{(j)} \tag{5-10}$$

其中，U_{th} 为小于 1 的正数，由系统特性所决定，例如，无功补偿的性质和负载特性等。

根据 VSRI 如下特性，对系统制定电压稳定性的判据。

①在任何给定时间内具有最小负指数的母线电压骤降风险最高。

②若扰动后电压是稳定，则母线上的 VSRI 会汇聚到 U_{th}。

③若 $\text{VSRI}_i^{(j)} = U_{\text{th}} + U_i^{(j)} < 0$，则第 i 条母线电压可认为是不稳定的。

2) 离散控制策略

在微电网中，DER 单元的不同运行模式使其功率输出能力也有很大差异。因此，通过控制策略可以转换 DER 单元的运行模式，可以有效地补偿干扰后的功率不平衡。在本节中，上层离散控制策略旨在充分利用 DER 单元的多模式运行和"即插即用"特性来匹配扰动后功率不平衡的能力，从而提高自愈能力和频率安全性。根据 FSRI 和母线 VSRI 的大小，针对不同运行模式的各个 DER 单元出力大小，对上层离散控制策略如下定义。

(1) DER 单元运行模式切换条件。

若 $\text{FSRI} = P_{\text{th}} + \Delta P < 0$ 或 $\text{VSRI}_i^{(j)} = U_{\text{th}} + U_i^{(j)} < 0$，其中，$i \in 1, 2, \cdots, N_b$，$N_b$ 为母线的数量，$j \in 1, 2, \cdots, N$，N 为可用 PMU 值的数量。上层离散控制策略需要将 DER 单元切换到合适的运行模式，以便将系统频率或电压恢复到其设定值。

(2) DER 单元的切换优先级。

为更好说明 DER 单元的切换优先级，以第 i 个 DER 单元为例，将其定义为

$$r_i = \sum_{i=1}^{N_i} \text{VSRI}_i^{(k)} / \sum_{i=1}^{N_d} \text{VSRI}_i^{(k)} \tag{5-11}$$

其中，与其他 DER 单元相比，N_i 为距第 i 个 DER 单元最短距离的不稳定电压母线的数量，N_d 为所有不稳定电压母线的数量，k 为预切换瞬间 (pre-switching instant)。r_i 为最大值时，表示邻近第 i 个 DER 单元的电压骤降风险最高。如果 r_i 为最大值，且第 i 个 DER 单元具有通过切换运行模式进行功率补偿的能力，则 DER 单元具有最高的模式切换优先级；同理，r_i 为最小值时，表示 DER 单元具有最低的模式切换优先级。此外，根据 DER 单元的当前运行模式和 r_i 值的大小，还可以确定后续运行模式。

(3) 切换后输出功率参考点的重置。

为更好说明切换后输出功率参考点的重置，将其定义为

$$\sum_{i=1}^{N_c} P_{i,\text{DER}}^{k+1} = 1.05(-P_{\text{th}} - \Delta P) + \sum_{i=1}^{N_c} P_{i,\text{DER}}^{k} \tag{5-12}$$

其中，N_c 为所有模式切换的 DER 单元的数量，且补偿因子为 1.05；$P_{i,\text{DER}}^{k}$ 为第 i 个 DER 单元预切换 (pre-switching) 的输出功率，$P_{i,\text{DER}}^{k+1}$ 为切换后 (post-switching) 的输出功率设定值。

根据式 (5-12)，在切换后的模式与每个 DER 单元输出功率约束相结合，并且结合所选择的 $P_{i,\text{DER}}^{k+1}$，将频率设定值表示为

$$f_{i,\text{set}} = f_{\text{op}} + \lambda_i P_{i,\text{DER}}^{k+1} \tag{5-13}$$

其中，$f_{i,\text{set}}$ 为第 i 个 DER 单元的频率设定点；f_{op} 为切换后的理想运行频率；λ_i 为 DER 单元的下垂增益。

为了更清楚地表示运行模式的切换过程和参考点的设置过程，这里提出了着色 Petri 网 (Colored Petri Net，CPN)，基于 CPN 的运行模式切换过程如图 5-2 所示，CPN 模型是 Petri 网 (Petri Net，PN) 的演化。使用形式符号，可将 CPN 定义为 7 元组，即 $\Sigma = (P;T;F;D;I_-;I_+;M_0)$ [12,13]；其中 P 表示一个库所 (place) 的有限集 (在图 5-2 中表示为圆圈)；T 为一个变迁 (transition) 的有限集 (在图 5-2 中表示为矩形)；F 为一个弧 (arc) 的有限集，可分为输入弧和输出弧；D 为一个非零有限集，代表所有着色托肯 (colored token)；I_+ 和 I_- 分别为输入和输出弧上的正负函数；M_0 为一个初始标识 (initial marking) 集。

　　对图 5-2 中所示的 CPN，各个着色集的描述如表 5-1 所示，各个库所的描述如表 5-2 所示，各个变迁的描述如表 5-3 所示，并且输入/输出弧在图 5-2 中进行了标记，另外初始标记 $M_0(P_{OM}) = M + G + SET$，其他库所的初始标识为空。

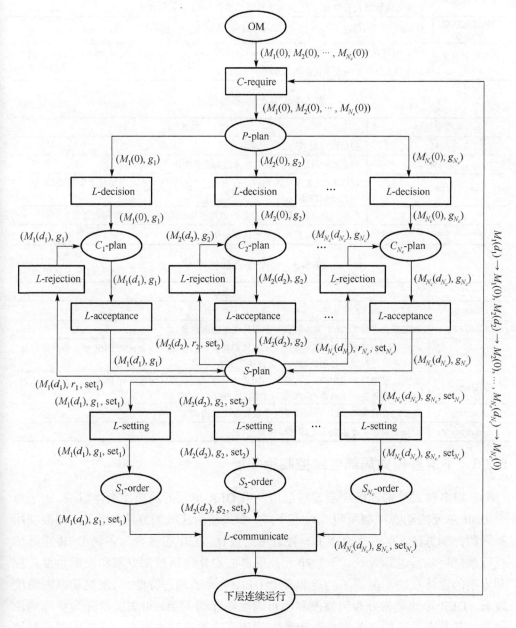

图 5-2　基于 CPN 的运行模式切换过程

表 5-1　各个着色集的描述

单个着色集	描述
运行模式集 M	$M = \{M_1, M_2, \cdots, M_{N_c}\}$；$M_i = \{M_i(d_i)\}$，其中，$i = \{1, 2, \cdots, N_c\}$，$d_i = (1, 2, \cdots, S_i)$，$S_i$ 为第 i 个单元运行模式的数量，N_c 为所有模式切换的 DER 单元的数量
切换优先级顺序集 G	$G = \{G_1, G_2, \cdots, G_{N_c}\}$；$G_i = \{g_i\}$，其中，$i = \{1, 2, \cdots, N_c\}$，$g_i = (1, 2, \cdots, N_c)$
参考设置点集 SET	$\mathrm{SET} = \{\mathrm{SET}_1, \mathrm{SET}_2, \cdots, \mathrm{SET}_{N_c}\}$；$\mathrm{SET}_i = \{\mathrm{set}_i\}$，其中，$i = \{1, 2, \cdots, N_c\}$，$\mathrm{set}_i = (\mathrm{set}_{i1}, \mathrm{set}_{i2}, \cdots, \mathrm{set}_{iP_i})$，$P_i$ 为第 i 个单元参考设置点的数量

表 5-2　各个库所的描述

单个着色集	描述
OM	初始运行模式
P-plan	根据式 (5-11) 决定 DER 单元的切换优先级
C_1-plan, C_2-plan, $\cdots$, C_{N_c}-plan	根据各 DER 单元的当前运行模式 r_i 积分值的大小，决定每个切换 DER 单元的后续运行模式
S-plan	根据式 (5-12) 和式 (5-13)，决定每个切换 DER 单元的参考设置点
S_1-plan, S_2-plan, $\cdots$, S_{N_c}-plan	向每个 DER 单元发送逻辑切换指令

表 5-3　各个变迁的描述

变迁	描述
C-require	当满足 FSRI<0 或 $\mathrm{VSRI}_i^{(j)} < 0$ 时，该变迁有效
L-decision	该变迁表明局部 DER 单元同意关于切换优先级的决策
L-acceptance	该变迁表明局部 DER 单元接受关于后续切换模式的决定，如果每个 DER 单元都具有通过模式变迁进行功率补偿的能力，则该变迁有效
L-rejection	该变迁表明局部 DER 单元拒绝关于随后切换模式的决定，如果所有 DER 单元都没有通过后续的模式变迁来满足 (5-12) 要求的能力，则该变迁有效
L-setting	该变迁表明局部 DER 单元接受关于设置参考点的决定
L-communicate	该变迁表示从上层到下层的通信传输

5.2.3　下层多模式局部连续控制策略层

　　下层多模式局部连续控制策略层由一组 DER 单元的局部控制器组成。由于每个 DER 单元的动态控制所研究内容不同，如果使用传统的方法，那么就需要使用不同的控制方法。本小节设计了一种通用的设计方法，它允许为各种 DER 单元的执行系统控制器进行设计。下层单元控制器的设计包括控制方案和控制角度。控制方案的设计取决于所需的功能和各个 DER 单元的动态特性。从发电功率的角度来看，DER 单元通常分为可调度和不可调度单元两大类，可调度单元为快速响应能源，其具有足够的储备容量以满足实际和无功暂态功率平衡。这样的源包括通过功率转换器的接口以及位于其 DER 侧的存储设备，例如，基于变速风力涡轮机的发电单元，或燃料电池供电的转换器。不可调度的源被定义为慢响应源，也称为不可控源。这种源的输出功率高度依赖于预先指定的参考值或其主要源提供的功率。不可调度的源有助于满足稳态功率平衡，如：光伏电源、基于固定速度风力涡轮机的发电源。从控制角度来看，通常选择电网跟随控制，作为不可调度 DER 单元的控制方案。电网跟随控制主要包括可再生能源单元的最大功率点跟踪（MPPT）控制，直流源单元的 VQ 控制和 PQ 控制。通常提出电网形成控制作为可调度 DER 单元的控制方案。微网形成（grid-forming）控制主要包括基于下垂特性的 V/f 控制和负载分配。可调度 DER 单元的 V/f 控制策略如图 5-3 所示，不可调度 DER 单元的 PQ 控制策略如图 5-4 所示。

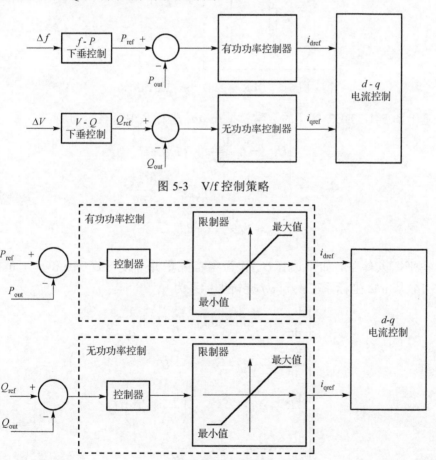

图 5-3　V/f 控制策略

图 5-4　PQ 控制策略

除了控制方案，另一个重要的问题是如何选择适当的控制方法来处理多模式切换场景下的鲁棒性稳定问题。因此，本节提出了一种基于多 Lyapunov 函数的鲁

棒稳定方法，与 DER 的多模态相对应，并搭建 DER 单元的一般电路图如图 5-5
所示。

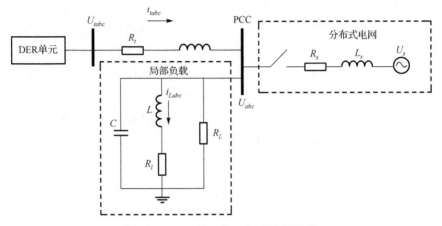

图 5-5　DER 单元的一般电路图结构

基于图 5-4，DER 单元的数学模型在 abc 坐标系中可表示为

$$\begin{cases} U_{tabc} = L_t \dfrac{\mathrm{d}i_{tabc}}{\mathrm{d}t} + R_t i_{tabc} + U_{abc} \\[2mm] i_{tabc} = \dfrac{1}{R} U_{abc} + i_{Labc} + C \dfrac{\mathrm{d}U_{abc}}{\mathrm{d}t} \\[2mm] U_{abc} = L \dfrac{\mathrm{d}i_{Labc}}{\mathrm{d}t} + R_l i_{Labc} \end{cases} \tag{5-14}$$

在平衡条件下，如果选择 U_{dq} 作为参考矢量并且使得 $U_q = 0$ 和 $\dot{U}_q = 0$，则将
式 (5-14) 从 abc 坐标系变换到 dq 旋转坐标系为

$$\begin{cases} \dfrac{\mathrm{d}i_{td}}{\mathrm{d}t} = -\dfrac{R_t}{L_t} i_{td} + \omega_0 i_{tq} - \dfrac{1}{L_t} U_d + \dfrac{1}{L_t} U_{td} \\[2mm] \dfrac{\mathrm{d}i_{tq}}{\mathrm{d}t} = -\omega_0 i_{td} - \dfrac{R_t}{L_t} i_{tq} + \dfrac{1}{L_t} U_{tq} \\[2mm] \dfrac{\mathrm{d}i_{Ld}}{\mathrm{d}t} = \omega_0 i_{tq} - \dfrac{R_t}{L} i_{Ld} + \left(\dfrac{1}{L} - \omega_0^2 C \right) U_d \\[2mm] \dfrac{\mathrm{d}U_d}{\mathrm{d}t} = \dfrac{1}{C} i_{td} - \dfrac{1}{C} i_{Ld} - \dfrac{1}{RC} U_d \end{cases} \tag{5-15}$$

考虑到负载和线路参数的不确定性以及对应运行的多模式特性，第 i 个 DER
单元的动态模型式 (5-15) 可扩展为

$$\begin{cases} \dot{\boldsymbol{x}}_i(t) = (\boldsymbol{A}_{is} + \Delta \boldsymbol{A}_{is})\boldsymbol{x}_i(t) + (\boldsymbol{B}_{is} + \Delta \boldsymbol{B}_{is})\boldsymbol{u}_{is}(t) + (\boldsymbol{D}_{is} + \Delta \boldsymbol{D}_{is})\boldsymbol{\omega}_i(t) \\ \boldsymbol{z}_i(t) = \boldsymbol{C}_{is}\boldsymbol{x}_i(t) \\ \Delta \boldsymbol{x}_i(t) = \boldsymbol{\Lambda}_{is}\boldsymbol{x}_i(t), \quad t = t_s, \quad i = 1, 2, \cdots, N_c \end{cases} \tag{5-16}$$

其中，$\boldsymbol{x}_i^{\mathrm{T}} = [i_{itd}, \ i_{itq}, \ i_{iLd}, \ U_{id}]$ 为第 i 个 DER 的状态向量；对 $i = 1, 2, \cdots, N_c$，N_c 为受控 DER 单元序号；$\boldsymbol{u}_{is} = U_{is,td}$ 为在运行模式下第 i 个单元的控制输入；$\boldsymbol{z}_i = U_{id}$ 为输出；$\boldsymbol{\omega}_i = U_{itq}$ 为干扰信号，并且设置为零；$\boldsymbol{A}_{is}$、$\boldsymbol{B}_{is}$、$\boldsymbol{C}_{is}$、$\boldsymbol{D}_{is}$ 和 $\boldsymbol{\Lambda}_{is}$ 均为系数矩阵；$\Delta \boldsymbol{A}_{is}$、$\Delta \boldsymbol{B}_{is}$ 和 $\Delta \boldsymbol{D}_{is}$ 为具有适当维度的不确定矩阵；$t \in [t_s, t_{s+1}]$ 时，t_s 表示第 i 个受控单元的切换模式在 t_s 瞬间被激活，第 i 个受控单元从第 $(s-1)$ 个控制模式切换到第 s 个控制模式；$\Delta \boldsymbol{x}_i(t)$ 为第 i 个单元在切换时间点的状态矢量脉冲变化；另外，$\boldsymbol{A}_{is}$、$\boldsymbol{B}_{is}$、$\boldsymbol{C}_{is}$ 和 $\boldsymbol{D}_{is}$ 分别表示为

$$\boldsymbol{A}_{is} = \begin{bmatrix} -\dfrac{R_{is,t}}{L_{is,t}} & \omega_{i0} & 0 & -\dfrac{1}{L_{is,t}} \\[2mm] -\omega_{i0} & -\dfrac{R_{is,t}}{L_{is,t}} & 0 & 0 \\[2mm] 0 & \omega_{i0} & -\dfrac{R_{is,1}}{L_{is}} & \dfrac{1}{L_{is}} - \omega_{i0}^2 C_{is} \\[2mm] \dfrac{1}{C_{is}} & 0 & -\dfrac{1}{C_{is}} & \dfrac{1}{R_{is} C_{is}} \end{bmatrix}$$

$$\boldsymbol{B}_{is} = \begin{bmatrix} \dfrac{1}{L_{is,t}} \\[2mm] 0 \\ 0 \\ 0 \end{bmatrix}; \quad \boldsymbol{C}_{is} = [0, 0, 0, 1]; \quad \boldsymbol{D}_{is} = \begin{bmatrix} 0 \\ \dfrac{1}{L_{is,t}} \\[2mm] 0 \\ 0 \end{bmatrix}$$

首先，假设式 (5-16) 中的不确定性参数为范数有界，即

$$[\Delta \boldsymbol{A}_{is}, \Delta \boldsymbol{B}_{is}, \Delta \boldsymbol{C}_{is}] = \boldsymbol{H}_{is} \boldsymbol{F}_{is}(t)[\boldsymbol{E}_{1is}, \boldsymbol{E}_{2is}, \boldsymbol{E}_{3is}] \tag{5-17}$$

其中，$\boldsymbol{H}_{is}$、$\boldsymbol{E}_{1is}$、$\boldsymbol{E}_{2is}$ 和 $\boldsymbol{E}_{3is}$ 为具有适当维度的实常数矩阵；$\boldsymbol{F}_{is}(t)$ 为具有 Lebesgue 可测量元素的未知矩阵函数并且满足 $\boldsymbol{F}_{is}^{\mathrm{T}}(t)\boldsymbol{F}_{is}(t) \leqslant \boldsymbol{I}$，其中 $\boldsymbol{I}$ 为单位矩阵。

其次，将每个受控单元的局部控制器设计为状态反馈控制为

$$\boldsymbol{u}_{is}(t) = k_{is}\boldsymbol{x}_i(t) \tag{5-18}$$

其中，k_{is} 为第 i 个受控单元在第 s 种运行模式下的控制器参数，且 $i = 1, 2, \cdots, N_c$。

通过式 (5-16)～式 (5-18)，第 i 个闭环控制单元下第 s 种模式的动态模型可以重新排列为

$$\begin{cases} \dot{\boldsymbol{x}}_i(t) = [\overline{\boldsymbol{A}}_{is} + \boldsymbol{H}_{is}\boldsymbol{F}_{is}(t)(\boldsymbol{E}_{1is} + \boldsymbol{E}_{2is}k_{is})]\boldsymbol{x}_i(t) + (\boldsymbol{D}_{is} + \Delta \boldsymbol{D}_{is})\boldsymbol{\omega}_i(t) \\ \boldsymbol{z}_i(t) = \boldsymbol{C}_{is}\boldsymbol{x}_i(t) \\ \Delta \boldsymbol{x}_i(t) = \boldsymbol{\Lambda}_{is}\boldsymbol{x}_i(t), \quad t = t_s \end{cases} \tag{5-19}$$

其中，$\overline{\boldsymbol{A}}_{is} = \boldsymbol{A}_{is} + \boldsymbol{B}_{is}k_{is}$，$\Delta \overline{\boldsymbol{A}}_{is} = \Delta \boldsymbol{A}_{is} + \Delta \boldsymbol{B}_{is}k_{is} = \boldsymbol{H}_{is}\boldsymbol{F}_{is}(t)(\boldsymbol{E}_{1is} + \boldsymbol{E}_{2is}k_{is})$。

为受控系统定义的多个 Lyapunov 函数，表示为

$$V_{is} = \boldsymbol{x}_i^{\mathrm{T}}(t)\boldsymbol{P}_{is}\boldsymbol{x}_i(t) \tag{5-20}$$

其中，$\boldsymbol{P}_{is}$ 在第 s 种模式下的第 i 个闭环控制单元的对称正定加权矩阵。

考虑到初始条件，与受控输出相关的 H_∞ 性能表示为

$$\int_0^{t_f} \boldsymbol{z}_i^{\mathrm{T}}(t)\boldsymbol{z}_i(t)\mathrm{d}t \leqslant \rho_{is}^2 \int_0^{t_f} \boldsymbol{\omega}_i^{\mathrm{T}}(t)\boldsymbol{\omega}_i(t)\mathrm{d}t + V_{is}(0) \tag{5-21}$$

其中，ρ_{is} 为规定的衰减水平。

受控单元式 (5-19) 可通过与脉冲控制式 (5-18) 集成的状态反馈控制式 (5-17) 保证多模式的鲁棒稳定性，只有当 $\boldsymbol{P}_{is} = \boldsymbol{P}_{is}^{\mathrm{T}} > 0$，$\boldsymbol{P}_{is-1} = \boldsymbol{P}_{is-1}^{\mathrm{T}} > 0$，$\varepsilon_{is1} > 0$ 和 $\varepsilon_{is2} > 0$ 时，存在且对称矩阵不等式一般解为

$$\begin{bmatrix} \boldsymbol{\Xi}_{11} & \boldsymbol{D}_{is} & \varepsilon_{is1}\boldsymbol{P}_{is1}^{-1}(\boldsymbol{E}_{1is} + \boldsymbol{E}_{2is}k_{is})^{\mathrm{T}} & \boldsymbol{P}_{is1}^{-1}\boldsymbol{C}_{is}^{\mathrm{T}} \\ * & -\rho_{is1}^2 + \varepsilon_{is2}\boldsymbol{E}_{3is}^{\mathrm{T}}\boldsymbol{E}_{3is} & 0 & 0 \\ * & * & -\varepsilon_{is1}\boldsymbol{I} & 0 \\ * & * & * & -\boldsymbol{I} \end{bmatrix} \leqslant 0 \tag{5-22}$$

$$\begin{bmatrix} \boldsymbol{P}_{i(s-1)} & (\boldsymbol{I} + \boldsymbol{\Lambda}_{is})^{\mathrm{T}}\boldsymbol{P}_{is} \\ * & \boldsymbol{P}_{is} \end{bmatrix} > 0 \tag{5-23}$$

其中，$\boldsymbol{\Xi}_{11} = \overline{\boldsymbol{A}}_{is}\boldsymbol{P}_{is}^{-1} + \boldsymbol{P}_{is}^{-1}\overline{\boldsymbol{A}}_{is}^{\mathrm{T}} + (\varepsilon_{is1}^{-1} + \varepsilon_{is2}^{-1})\boldsymbol{H}_{is}\boldsymbol{H}_{is}^{\mathrm{T}}$。

证明：$V_{is}(t)$ 的导数是沿着系统式 (5-19) 的轨迹满足

$$\dot{V}_{is}(t) = 2\boldsymbol{x}_i^{\mathrm{T}}\boldsymbol{P}_{is}[\overline{\boldsymbol{A}}_{is} + \boldsymbol{H}_{is}\boldsymbol{F}_{is}(t)(\boldsymbol{E}_{1is} + \boldsymbol{E}_{2is}k_{is})] + 2\boldsymbol{x}_i^{\mathrm{T}}(t)\boldsymbol{P}_{is}(\boldsymbol{D}_{is} + \boldsymbol{H}_{is}\boldsymbol{F}_{is}(t)\boldsymbol{E}_{3is})\boldsymbol{\omega}_i(t)$$

$$\int_0^{t_f} \boldsymbol{z}_i^{\mathrm{T}}\boldsymbol{z}_i\mathrm{d}t = V_{is}(0) - V_{is}(t_f) + \int_0^{t_f} [\boldsymbol{z}_i^{\mathrm{T}}\boldsymbol{z}_i + \dot{V}_{is}(t)]\mathrm{d}t \leqslant V_{is}(0)$$

$$+ \int_0^{t_f} \left\{ [\boldsymbol{x}_i^{\mathrm{T}}(t) \quad \boldsymbol{\omega}_i^{\mathrm{T}}(t)] \begin{bmatrix} \boldsymbol{\Phi}_{11} & \boldsymbol{\Phi}_{12} \\ * & -\rho_{is}^2\boldsymbol{I} \end{bmatrix} [\boldsymbol{x}_i^{\mathrm{T}}(t) \quad \boldsymbol{\omega}_i^{\mathrm{T}}(t)]^{\mathrm{T}} + \rho_{is}^2\boldsymbol{\omega}_i^{\mathrm{T}}(t)\boldsymbol{\omega}_i(t) \right\}\mathrm{d}t$$

通过观察上述结果，显然系统式 (5-19) 具有鲁棒稳定性，除在切换瞬间，若满足

$$\begin{bmatrix} \boldsymbol{\Phi}_{11} & \boldsymbol{\Phi}_{12} \\ * & -\rho_{is}^2\boldsymbol{I} \end{bmatrix} \leqslant 0 \tag{5-24}$$

其中

$$\boldsymbol{\Phi}_{11} = \boldsymbol{P}_{is}[\bar{\boldsymbol{A}}_{is} + \boldsymbol{H}_{is}\boldsymbol{F}_{is}(t)(\boldsymbol{E}_{1is} + \boldsymbol{E}_{2is}k_{is})] + [\bar{\boldsymbol{A}}_{is} + \boldsymbol{H}_{is}\boldsymbol{F}_{is}(t)(\boldsymbol{E}_{1is} + \boldsymbol{E}_{2is}k_{is})]^{\mathrm{T}}\boldsymbol{P}_{is} + \boldsymbol{C}_{is}^{\mathrm{T}}\boldsymbol{C}_{is}$$

$$\boldsymbol{\Phi}_{12} = \boldsymbol{P}_{is}(\boldsymbol{D}_{is} + \boldsymbol{H}_{is}\boldsymbol{F}_{is}(t)\boldsymbol{E}_{3is})$$

通过使用 Schur 补，然后左和右乘法矩阵 $\mathrm{diag}\{\rho_{is}^{-1}, I, I, I, I\}$，不等式 (5-24) 等价于不等式 (5-23)。

基于多模式稳定性理论，为确保系统在切换点的稳定性，必须满足

$$V_i(t_s^+) - V_i(t_s^-) = \boldsymbol{x}_i(t_s^+)^{\mathrm{T}}\boldsymbol{P}_{is}\boldsymbol{x}_i(t_s^+) - \boldsymbol{x}_i(t_s^-)^{\mathrm{T}}\boldsymbol{P}_{i(s-1)}\boldsymbol{x}_i(t_s^-) \tag{5-25}$$
$$= \boldsymbol{x}_i(t_s^-)^{\mathrm{T}}[(\boldsymbol{I} + \boldsymbol{\Lambda}_{is})^{\mathrm{T}}\boldsymbol{P}_{is}(\boldsymbol{I} + \boldsymbol{\Lambda}_{is})]\boldsymbol{x}_i(t_s^-) < 0$$

其中，式 (5-25) 等同于不等式 (5-23)，即可完成了证明。令 $\tilde{k}_{ik} = k_{ik}\boldsymbol{P}_{ik}^{-1}$，$\bar{\boldsymbol{A}}_{ik}\boldsymbol{P}_{ik}^{-1} = \boldsymbol{A}_{ik}\boldsymbol{P}_{ik}^{-1} + \boldsymbol{B}_{ik}\tilde{k}_{ik}$ 和 $\boldsymbol{P}_{ik}^{-1}(\boldsymbol{E}_{1ik} + \boldsymbol{E}_{2ik}k_{ik})^{\mathrm{T}} = \boldsymbol{P}_{ik}^{-1}\boldsymbol{E}_{1ik}^{\mathrm{T}} + \tilde{k}_{ik}^{\mathrm{T}}\boldsymbol{E}_{2ik}^{\mathrm{T}}$，则不等式 (5-22) 为线性矩阵不等式 (LMI)。

为了获得更好的鲁棒性能，可以将 H_∞ 控制性能视为以下最小化问题，从而尽可能地减少式 (5-21) 中的 H_∞ 性能。由式 (5-15) 和式 (5-17)，可得

$$\min \rho_{ik} \tag{5-26}$$

则可将式 (5-26) 中的最小化问题可以转化为 LMI 凸优化问题，通过 LMI 的 MATLAB 工具箱，可实现最小化 H_∞ 鲁棒性和获得局部状态反馈控制参数和脉冲控制参数。

5.3　基于分层策略的微电网仿真实例与分析

5.3.1　外部扰动下配电网稳定性仿真实例与分析

由于外部扰动，如故障或者预先设定的切换事件等，微电网中配电网会以孤岛运行模式运行[14]。在与主电网断开连接后，配电网进入暂态，暂态的响应取决于以下几点。

(1) 孤岛之前的运行状态。

(2) 启动孤岛运行的触发事件的类型。

(3) 配电网中分布式电源单元的类型。

使用 IEEE34 节点网络的拓扑结构如图 5-6 所示，并通过此拓扑结构图对所提出的分层控制策略进行测试。

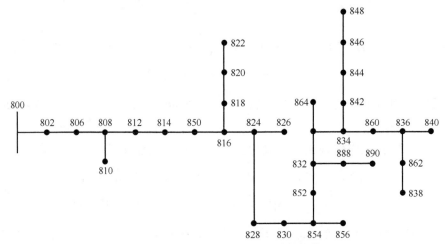

图 5-6 IEEE34 节点网络的拓扑结构

为更好地进行仿真测试，对 IEEE34 节点网络进行如下修改。

(1)配电网连接四个 DER 单元：DER1 表示存储单元，位于线路 814～850 上；DER 单元 2 表示配备励磁和调速器控制系统的微型涡轮发电机，位于线路 852～832 上；DER 单元 3 表示使用电压源转换器(VSC)作为其接口的燃料电池，位于线路 846～848 上；DER 单元 4 表示光伏电池单元，位于线路 838～862 上。

(2)假设所有线路对称，配电网中参数设置为 $R = 0.128\Omega/\mathrm{km}$，$X = 0.122\Omega/\mathrm{km}$，$B = 116.239\mu\mathrm{s/km}$。

(3)DER 单元参数设置如表 5-4 所示，发电单元参数设置如表 5-5 所示。

表 5-4 DER 单元参数的设置

参数	设置值	参数	设置值
$R_{1t} = R_{2t} = R_{3t} = R_{4t}$	1.5mΩ	$L_2 = L_4$	86.4mH
$L_{1t} = L_{2t} = L_{3t} = L_{4t}$	300μH	$C_1 = C_3$	62.855μF
$R_1 = R_3$	76Ω	$C_2 = C_4$	78.997vF
$R_2 = R_4$	65Ω	$R_{1l} = R_{2l} = R_{3l} = R_{4l}$	10MΩ
$L_1 = L_3$	111.9mH	ω_0	60Hz

表 5-5 发电单元参数设置

发电单元	设置值/（kW/kVar）
储能单元	60/20
MT	60/20
FC	30/0
PV	6/0

在本仿真实例中，使用单主机运行方式，其中存储单元在 $f\text{-}V$ 模式下充当主 VSC(master-VSC)，而其他单元在 $P\text{-}Q$ 或 $P\text{-}V$ 模式下运行。

1)三相线故障对配电网稳定性的影响

在 $t = 1\mathrm{s}$ 时，在线路 802～806 处发生了三相线对地故障，并在五个周期后清除故障。由于故障导致在主电网侧切断线路，因此在大约 $t = 1.083s$ 时，配电网将处于孤岛模式。在这种情况下，系统的 FSRI 和所有单元的 VSRI 均为负，因此所有 DER 单元的运行模式需要通过上层离散控制策略切换，以便可以及时恢复配电网的频率和电压。

根据 VSRI 和 FSRI，DER 单元的切换顺序为

$$(DER1, 1); (DER2, 3); (DER3, 2); (DER4, 4)$$

局部运行模式分别为：DER1（高速放电）、DER2（最大输出）、DER3（额定水平运行）和 DER4（MPPT）。在三相线对地故障下孤岛切换瞬间，配电网的电压变化曲线如图 5-7 所示，配电网的频率变化曲线如图 5-8 所示。

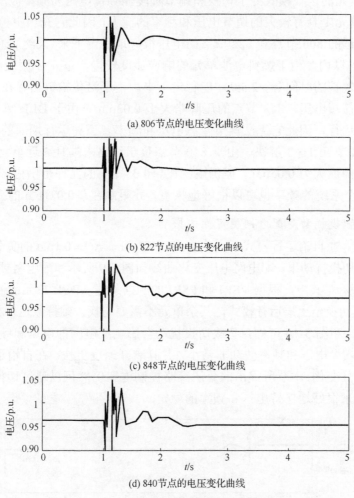

(a) 806节点的电压变化曲线

(b) 822节点的电压变化曲线

(c) 848节点的电压变化曲线

(d) 840节点的电压变化曲线

图 5-7　三相故障下配电网电压变化曲线

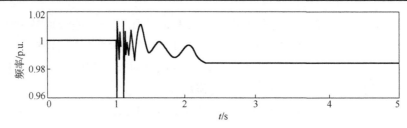

图 5-8　三相故障下配电网频率变化曲线

由图 5-7 和图 5-8 可知，在孤岛的初始阶段，电压和频率波动很严重。原因在于 DER 单元的运行模式处于切换和调节阶段。随后，电压和频率波动迅速减弱。由于 DER 单元 1 具有较大的调节电压和频率的能力，因此它充当主控制器。这导致单元 1 附近的 806 节点和 822 节点的电压很好地稳定下来（大约 2s），并且误差被限制在 2%以内。由于燃料电池单元的响应速度较慢，单元 3 附近的 848 节点的电压需要较长的时间（约 2.5s）才能稳定下来。由于沿传输链路存在无功损耗，所以相比较前端电压，848 节点的压降略大于 0.03p.u.。由于 DER 单元 4 始终以 MPPT 模式运行，因此它无法调节暂态电压和频率。孤岛运行期间的功率不平衡主要由 DER 单元 1～3 解决。由于 840 节点位于线路末端且靠近单元 4，因此该节点的电压降最大为 0.05p.u.，但仍限制在（±0.05）p.u.的允许范围内。在孤岛暂态过程中，整个系统的频率也可以很好地恢复，并限制在（±0.02）p.u.的允许范围内。

2）负载切投扰动对配电网稳定性的影响

当 $t = 1\mathrm{s}$，在自治运行模式下，增加 $\Delta P = 0.2\mathrm{p.u.}$、$\Delta Q = 0.1\mathrm{p.u.}$的负载切投扰动，可得在负载切投扰动下，配电网电压变化曲线如图 5-9 所示和配电网频率变化曲线如图 5-10 所示。其中，根据 VSRI 和 FSRI 的判据条件，DER 单元的模式转换为：DER 单元 3 切换至上层运行模式，其余单元不需要切换，维持原运行模式运行。

由图 5-9 和图 5-10 可知，负载切投扰动会影响配电网的电压和频率，但相比较第一种情况，电压和频率波动非常小，并且衰减速度更快。在自治运行模式下，面对大的负载变化，本节所提出的分层策略控制方案仍然可以通过切换 DER 单元的运行模式来很好地保持电压和频率的稳定。

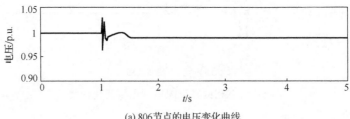

(a) 806 节点的电压变化曲线

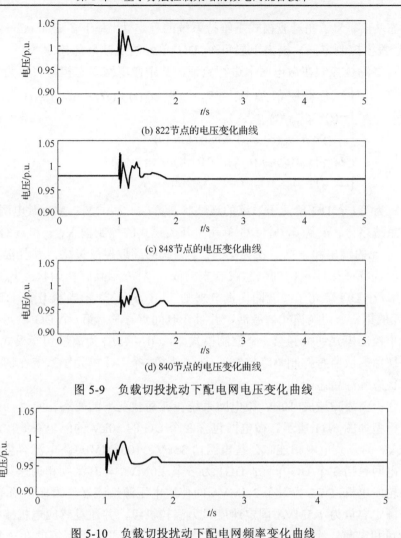

(b) 822节点的电压变化曲线

(c) 848节点的电压变化曲线

(d) 840节点的电压变化曲线

图 5-9　负载切投扰动下配电网电压变化曲线

图 5-10　负载切投扰动下配电网频率变化曲线

5.3.2　微电网计划孤岛与非计划孤岛下稳定性仿真实例与分析

1) 微电网仿真模型

基于两层混合控制理论，针对微电网系统在计划孤岛和非计划孤岛下的暂态稳定性进行研究[15]，提出了一种两层混合控制策略，在孤岛过程期间，在线控制管理的离散监督控制策略负责协调和切换每个分布式电源子系统采用适当的运行模式，并且基于信息融合技术选择稳定性相关的特征指标。在孤岛运行过程中，根据监督策略，需要从一组控制器切换到另一组控制器，或者改变控制器参数以改善暂态响应。为了在过渡模式下维持系统的稳定性，基于多 Lyapunov 稳定性理论的 H_∞ 鲁棒控制方法，提出下层每个 DG 单元的连续局部控制器。为对图 5-1 所示的两层混合控制在微电网中进行验证，其中微电网动态模型表示为

$$\begin{cases} \dot{\boldsymbol{x}}_i = (\boldsymbol{A}_{is} + \Delta\boldsymbol{A}_{is})\boldsymbol{x}_i(t) + (\boldsymbol{B}_{is} + \Delta\boldsymbol{B}_{is})\boldsymbol{u}_{is}(t) + (\boldsymbol{D}_{is} + \Delta\boldsymbol{D}_{is})\boldsymbol{\omega}_i(t) \\ \boldsymbol{z}_i(t) = \boldsymbol{C}_{is}\boldsymbol{x}_i(t) \\ \zeta_i(t) = F(m_i(\delta), m_i(V), m_i(\sigma), m_i(\cdot)) \\ \Sigma_i = \{x_{i0};(i_0,t_0),(i_1,t_1),\cdots;(i_s,t_s),\cdots;s\in M_i\} \\ \Delta\boldsymbol{x}_i(t) = \boldsymbol{\Lambda}_{is}\boldsymbol{x}_i(t), \quad t = t_s, \; i\in 1,2,\cdots,N \end{cases} \tag{5-27}$$

其中，$\boldsymbol{x}_i$ 为第 i 个 DG 单元子系统的连续状态；$i\in 1,2,\cdots,N$，N 为微电网中的 DG 单元子系统序号；$\boldsymbol{u}_{is}$ 为第 i 个 DG 单元中开关模式的控制输入；$\boldsymbol{z}_i$ 和 $\boldsymbol{\omega}_i$ 分别为第 i 个 DG 单元的输出和干扰；ζ_i 为第 i 个子系统的离散控制策略，并且根据稳定性相关的所选特征指标 $m_i(\cdot)$ 的信息融合来构成；Σ_i 表示具有初始状态 x_{i0} 和初始时间 t_0 的第 i 个 DG 单元子系统的切换链规则，其中 (i_s,t_s) 表示当 $t\in[t_s,t_{s+1}]$ 时，第 i 个 DG 单元的第 s 个切换模式被激活，并且在时间点 t_s 时，第 i 个 DG 单元子系统从第 $s-1$ 个控制模式切换到第 s 个控制模式；$s\in\{1,\cdots,M_i\}$ 为离散切换模式，离散模式的切换由离散监督控制策略控制。$\Delta\boldsymbol{x}_i(t)$ 为第 i 个 DG 单元子系统在切换时间点的连续状态脉冲暂态变化。

为分析由故障造成 10kV 微电网系统在孤岛状况下的暂态稳定性，设计微电网仿真模型如图 5-11 所示。微电网包含 3 个 DG 的 10kV 的配电系统，通过辐射线与 35kV 的公共电网相连。公共电网由 35kV、1000MV 短路电流容量的母线表示。微电网包括 3 个 DG 单元：DG1 为一个 2.0MVA 含有激励和调速装置的常规燃气涡轮发电机；DG2 为一个 2.5MVA 的使用电压源换流器作为接口的单元；DG3 为一个额定容量为 1.5MVA 固定速度风力涡轮机组，并通过感应电机接口的固定速度的风机装置。线性和非线性负载组合的供电是通过子系统的 3 个径向馈线提供。

2）计划孤岛运行

本实例的目的是研究具有三个不同 DG 单元的微电网，在混合动力控制下，计划孤岛运行的暂态响应。在并网模式下，系统的总体电源管理策略是基于三个 DG 单元中具有最小功率流的最佳功率平衡而设计的。也就是说，期望以最小功率流的 DG 单元满足其局部负载需求，并网模式下的离散控制策略如下。

（1）DG1 和 DG2 产生恒定的有功功率输出，并通过各自的本地反馈控制器调节其端子电压（PV 母线）。

（2）DG3 提供风能转化的最大功率。

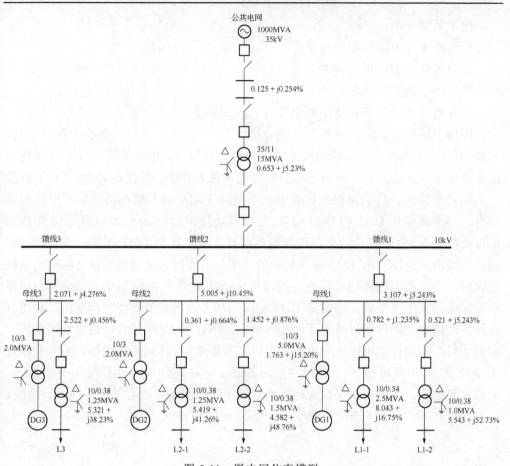

图 5-11　微电网仿真模型

（3）在 $t = 0.2\text{s}$ 时，通过启动计划孤岛命令将微电网与公共电网断开，此时 35kV 线路上的断路器断开。

在子系统 1 中：

①母线 1 的电压的变化。

②母线 1 的实际电力需求。

③母线 1 的无功功率需求。

④发电机 1 的转子角度的变化。

在子系统 2 中：

①母线 2 的电压的变化。

②母线 2 的实际电力需求。

③母线 2 的无功功率需求。

④子系统 2 中频率的变化。

在子系统 3 中：

①母线 3 的电压的相对变化。

②母线 2 的实际电力需求。

③母线 2 的无功功率需求。

④发电机 3 的转子角度的相对变化。

根据上述特性指标，利用信息融合技术(D-S)，可以获得子系统的旋转角度、电压、有功/无功功率稳定性相关的指标和稳定性指标。根据旋转角度和有功功率稳定性指标，来确定 DG 单元之间的有功功率管理策略，即提供 DG2 单元中的最大有功功率输出，以满足微电网暂态和电网瞬变期间的可变有功功率需求。剩余的有功功率需求由 DG1 和 DG3 提供。根据有功功率监控策略，可以通过切换 DG2 的电流控制 VSC 的有功功率，控制组件或更改参数使得 DG2 能有足够的瞬时有功功率输出。由 DG1 和 DG3 提供的有功功率可以通过切换励磁和调速器控制系统的设置，在小的范围内进行调整。通过电压/无功功率稳定性指标，确定无功功率监控策略，采用该策略，必须将 DG2 的无功功率输出调节到较大程度，以利用其在微电网瞬变间保持母线电压的快速响应，DG1 和 DG3 还可以通过切换电压，以此使得系统的设定可以在一定程度上调节其端电压。计划孤岛的暂态响应曲线如图 5-12 所示，由图可知，孤岛微电网中的转子角度偏差不明显，电压变化小于 1.5%。显而易见的是，混合控制可以快速地抑制转子角度振荡并改善微电网的暂态响应。

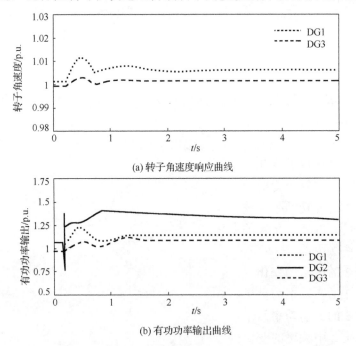

(a) 转子角速度响应曲线

(b) 有功功率输出曲线

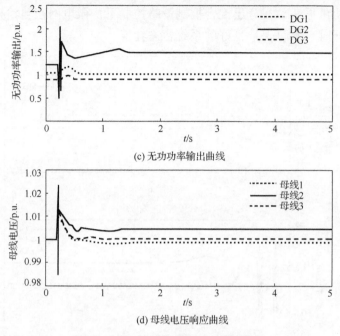

(c) 无功功率输出曲线

(d) 母线电压响应曲线

图 5-12　计划孤岛的暂态响应曲线

3) 非计划孤岛运行

为由微电网故障引起的非计划孤岛切换暂态响应。现假设在 35kV 线路上突发永久性的三相对称短路故障，且突发的三相对称短路故障顺序如下。

阶段 1：在 $t=0.2s$ 时，发生故障。

阶段 2：在 $t=0.26s$ 时，检测到故障，并打开故障线路的断路器，以移除故障，但由于非计划孤岛效应，形成了一个孤岛微电网。

阶段 3：在 $t=0.32s$ 时，检测到微电网孤岛运行状态。

阶段 4：在 $t=0.5s$ 时，故障移除后，35kV 线路重新连接公共电网。由于故障是永久性的，重新连接并不成功。

阶段 5：在 $t=0.7s$ 时，打开故障线路的断路器，再次移除故障。

系统在非计划孤岛情况下的实际电源管理策略与之前计划孤岛情况的电源管理策略类似，但在故障期间，母线电压比之前计划孤岛情况的母线电压下降得更严重。通过电压或无功性能指标，确定微电网离散监控控制策略，实现 DG2 以最大无功功率输出，并通过电压调节系统控制 DG1 和 DG3 满足剩余的无功功率需求。微电网非计划孤岛模式的暂态响应曲线如图 5-13 所示，由图可知，若再次移除故障，抑制振荡的时间不超过 0.6s，并且母线电压的抖动不超过 2%。实例仿真结果表明，由于 DG 单元的控制行为，最终母线电压恢复到正常范围，并且可以较好地抑制功角振荡。在分层混合控制策略控制下，微电网在自治模式甚至非计划孤岛下运行时，都可保持良好的系统暂态性能。

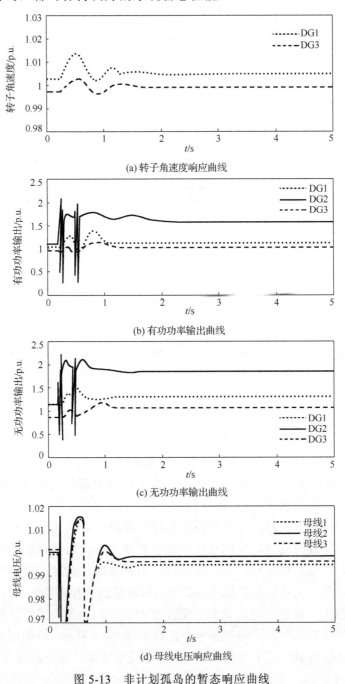

(a) 转子角速度响应曲线

(b) 有功功率输出曲线

(c) 无功功率输出曲线

(d) 母线电压响应曲线

图 5-13　非计划孤岛的暂态响应曲线

这说明由故障导致微电网进入孤岛运行时，利用混合控制可使系统的暂态稳定性得到提升。

5.3.3　两层混合控制的电力系统仿真实例与分析

为测试所提出的两层混合控制策略在电力系统中的应用，建立 14 发电机 50 母线广域电力系统模型如图 5-14 所示[9,16]，选取 4 个用于测试的用包括一个基本和三个典型的测试实例的系统参数设置如表 5-6 所示。当两个区域之间的三条关键联络线上的功率非常大时，会发生区域间振荡，通常将其定义为是一个大干扰。通过实时仿真，可以得出，与其他局部故障相比，在母线#23 与母线#6 之间的传输线上发生的故障将对三个关键联络线上的潮流产生影响更大。因此，为研究所提出的混合控制的有效性，将故障点定位在母线#23 和母线#6 之间。在故障点选取上，在测试实例 2 中，电力系统出现对称的三相短路故障；在测试实例 4 中，电力系统出现单相短路故障；在测试实例 3 中，电力系统在母线#23 和母线#6 之间的传输线上发生对称的三相短路故障，同时#14 发电机跳闸；在测试实例 1 中，电力系统是在正常运行条件下的系统性能。

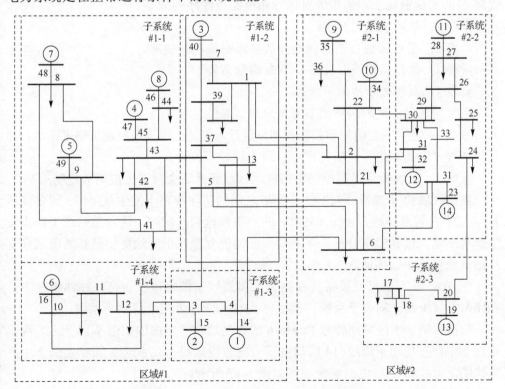

图 5-14　14 发电机 50 母线广域电力系统模型

表 5-6　基本实例与测试实例参数设置

		基本实例 1	测试实例 2	测试实例 3	测试实例 4
发电机运行/MW	区域#1	2454	3079	3571	2948
	区域#2	1827	1863	1857	1843
区域 1-2/MW		627	1286	1714	1105
离散控制状态		无	无/有	无/有	无/有
扰动状态		正常情况	母线 23～母线 6 三相短路故障	母线 23～母线 6 三相短路故障及发电机#14 跳闸	母线 23～母线 6 单相短路故障

在测试实例 1 的正常运行条件下，从区域#1 到区域#2 的联络线上有 627MW 的功率。根据模态分析，所有系统模式都得到很好的阻尼，并且每个受控单元的较低级别的局部控制器(如每个发电机的励磁控制器)都可以分别处理局部动力学问题。从小信号稳定性的角度来看，该系统是稳定的。在这种情况下，上级离散控制策略不会被激活，不需要可控设备间的切换。

在测试实例 2 中，出现对称的三相短路故障发生在区域#2 中的母线#23 和母线#6 之间的传输线上。考虑的对称三相短路故障序列如下。

阶段 1：故障发生在 $t = 0s$。

阶段 2：在 0.1s 通过断路器断开故障线路来消除故障。

阶段 3：恢复传输线，并在 $t = 0.5s$ 清除故障。

阶段 4：系统处于故障后状态。

在扰动之后，使用两种控制方案来测试系统性能。

方案 1：所有下层的局部控制器都可运行，但是上层离散控制策略未激活，并且传统的"即插即用"逻辑标准可以用于管理可控设备。

方案 2：不仅所有局部控制器都可运行，而且还会激活上层离散控制策略。

当在区域#2 中的母线#23 和母线#6 之间的传输线路上发生故障时，需要区域#1 在三个关键联络线多输出 659MV 的功率传输到区域#2。这导致系统工作点发生严重变化。根据模态分析，下层局部连续控制器几乎无法提供足够的阻尼来支持如此繁重的功率传递。

在方案 2 下，可控设备将根据上层离散控制策略进行切换。在此情况下，AREA#1 分为四个耦合子系统，然后将 AREA#2 分为三个解耦子系统。

测试实例 2 中区域间转移 Ptie14-6 的有功功率响应曲线如图 5-15 所示，测试实例 2 中严重扰动下母线#14 的端电压响应曲线如图 5-16 所示，测试实例 2 中严重扰动下母线#6 的端电压响应曲线如图 5-17 所示。

在 AREA#1 中，可控制事件集包括：

①断路器与#12、#13、#38 和#41 母线上的可控负载相连以实现减载。

②具有离散状态和不同抽头位置的 OLTC 在#10、#38 和#42 母线上，这些母线与负载相连以维持母线端电压。

③在母线#5～#12、#3～#12、#5～#6 和#4～#6 之间的部分上安装了步进电压调节器(Step Voltage Regulators，SVR)，以调节电压；#12 的负载率控制变压器(Load Ratio Control Transformers，LRT)；分流电容器(Shunt Capacitors，SC)安装在较大的线降#11、#13 和#41 处；重置任何发电机(#1～#8)的调速器系统的设定点。

在 AREA#2 中，可控制事件集包括：

①断路器在母线#17、#25 和#30 上与可控负载相连，以实现减载。

②母线#2 和#18 上的 OLTC 与敏感负载相连，以维持母线端电压。

③SVR 安装在母线#6～#23、#30～#34 和#20～#24 间以调节电压。

④LRTs 在母线#6 号和母线#24 上。

⑤SC 安装在较大的分支#17、#25 和#30 的谓词(predicate)处。

⑥重置所有发电机(#9～#13)的调速器系统的设定点。

根据基于每个子系统中信息融合技术的稳定性评估指标，可控设备的库所包括：

①切换 LRT 在母线 6 处的抽头以改善母线端电压。

②更改安装在母线#4～#6 之间的部件上的 SVR 的分接头位置，以调节电压。

③在发电机单元 1 中，将其调速器系统的设定值重置为最大值。由于发电机单元 1 的有功功率具有更大的过载能力，因此应尽可能提供发电机单元 1 的最大有功功率输出，以满足可变的瞬时有功功率需求。

当确定为可控事件后，离散控制策略发送逻辑命令以实现模式切换。

切换运行模式后，将重启 EMS 进行优化过程。通过使用多目标优化方法，可以确定最佳功率分配。根据能源管理策略，EMS 会重置每个受控单元的相应设定值。通过使用基于李雅普诺夫的鲁棒稳定方法来设计每个单元中的下层连续控制器。

在测试实例 2 中，从图 5-15 可知，方案 1 可以使系统在关键运行条件下保持稳定，而衰减区域功率振荡则需要更长的时间，而方案 2 可以迅速抑制振荡。由图 5-16 和图 5-17 可知，在两种控制方案下的母线#14 和母线#6 处受到严重干扰下的端电压响应。可以注意到，方案 2 的电压性能更好。尽管方案 1 可以电压最终趋于稳定，但由于缺乏离线适应性，暂态过程中的电压误差较大。显然，本节提出的混合控制大大改善了扰动较大时的稳定性和稳定性能。

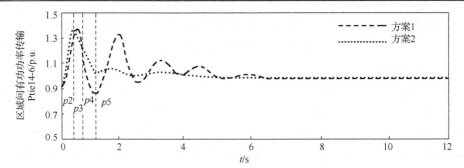

图 5-15　测试实例 2 中区域间转移 Ptie14-6 的有功功率响应曲线

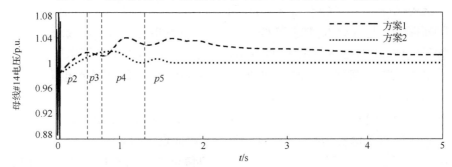

图 5-16　测试实例 2 中严重扰动下母线#14 的端电压响应曲线

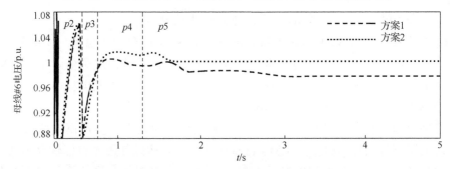

图 5-17　测试实例 2 中严重扰动下母线#6 的端电压响应曲线

在测试实例 3 中，在#23 和#6 之间的传输线上发生对称的三相短路故障的同时发电机#14 跳闸。较大的功率从 AREA#1 传输到 AREA#2。三个关键联络线上的功率流达到 1714MW，比基本实例 1 高出约 1087MW。在严重干扰下，由于负阻尼模式，系统变得不稳定。

根据稳定性评估指标，可控制事件的库所包括：

①切换母线 6 上 LRT 的抽头以改善母线端电压。

②更改安装在母线#4～#6 之间的部件上的 SVR 的分接头位置，以调节电压。

③启动安装在#2 的 SC。

④在发电机单元 1 中，将其调速器系统的设定值重置为最大值。由于发电机单元 1 的有功功率具有更大的过载能力，因此应尽快提供发电机单元 1 的最大有功功率输出，以满足可变的瞬时有功功率需求。

测试实例 3 中区域间转移 Ptie14-6 的有功功率响应曲线如图 5-18 所示，测试实例 3 中严重扰动下母线#14 的端电压响应曲线如图 5-19 所示，测试实例 3 中严重扰动下母线#6 的端电压响应曲线如图 5-20 所示。

在测试实例 3 中，如图 5-18 可知，方案一无法提供足够的阻尼来支持这种繁重的功率传输，使得系统变得不稳定，而在方案二中混合控制仍然可以很好地抑制功率振荡。图 5-19 表示在两种控制方案下的母线#14 处的端电压之间的比较。图 5-20 表示在两种控制方案下的母线#6 处的端电压之间的比较。

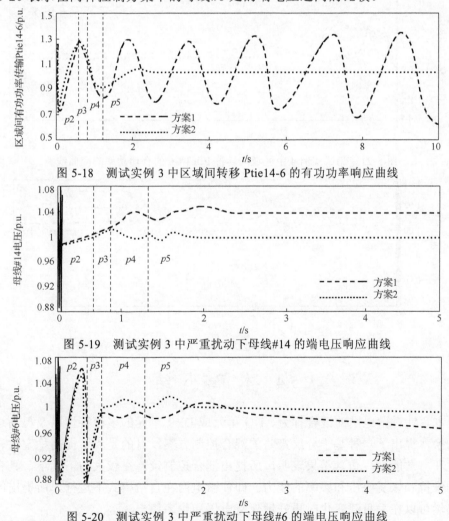

图 5-18　测试实例 3 中区域间转移 Ptie14-6 的有功功率响应曲线

图 5-19　测试实例 3 中严重扰动下母线#14 的端电压响应曲线

图 5-20　测试实例 3 中严重扰动下母线#6 的端电压响应曲线

　　本节提出的混合控制可以根据运行情况确定可控设备的离散控制策略。这表明在严重干扰下,通过切换可控设备的运行模式,及时重新匹配系统的功率平衡。因此,提出的混合控制非常有能力抑制功率振荡并保持安全电压。

　　测试实例 4 中,母线#23 和母线#6 之间的传输线上发生单相短路故障,1105MW 功率从区域 1 传输到区域 2。测试实例 4 中区域间转移 Ptie14-6 的有功功率响应曲线如图 5-21 所示,测试实例 4 中严重扰动下母线#14 的端电压响应曲线如图 5-22 所示。图 5-21 和图 5-22 分别表示母线#14 的区域间功率传输和端电压。与三相故障相比,单相故障相对平缓。因此,在这种故障下,两种方案都可以维持安全的电压并稳定系统的电源振荡,但是方案 1 的性能要差一些。

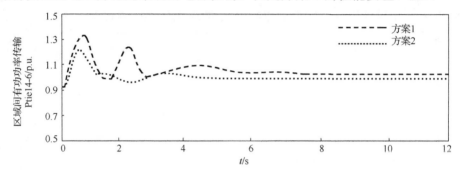

图 5-21　测试实例 4 中区域间转移 Ptie14-6 的有功功率响应曲线

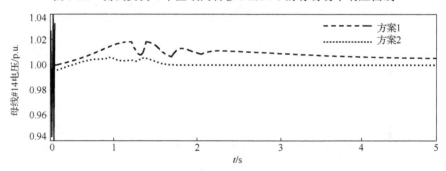

图 5-22　测试实例 4 中严重扰动下母线#14 的端电压响应曲线

5.4　本章小结

　　本章针对微电网的混合行为、DG 单元或 DER 单元的多模特性以及孤岛运行的切换,提出了一种基于分层策略的混合控制方案,目的是为了提高稳定性、安全性和自愈能力。仿真结果表明,所提出混合控制策略在较大的干扰下,具有很强的维持和恢复电压和频率的能力。即使微电网在自治模式下运行,所提出的控制仍然可以在大负载变化时更好地保持电压和频率稳定。

参 考 文 献

[1] Chai T Y, Geng Z X, Yue H, et al. A hybrid intelligent optimal control method for complex flotation process. International Journal of Systems Science, 2009, 40(9): 945-960.

[2] Branicky M S. General Hybrid Dynamical Systems: Modeling Analysis and Control in Hybrid Systems III. New York: Springer, 1996.

[3] Zhao H S, Mi Z Q, Niu D X, et al. Power system model in using hybrid system theory. Proceedings of the CSEE, 2003, 23(1): 20-25.

[4] Zhao H S, Mi Z Q, Song W, et al. Model and switching stability analysis of hybrid power system with OLTC. Automation of Electric Power Systems, 2003, 27(9): 24-28.

[5] Hill D J, Gao Y, Larsson M. Global hybrid control of power systems. The Proceedings of Bulk Power System Dynamics and Control, 2001, 8: 26-31.

[6] Leung J S K, Hill D J, Ni Y X. Global power system control using generator excitation, PSS, FACTS, devices and capacitor switching. International Journal of Electrical Power & Energy Systems, 2005, 27(5-6): 448-464.

[7] Hiskens L A, Pai M A. Hybrid systems view of power system modeling//The IEEE International Symposium on Cricuits and Systems, Geneva, 2000.

[8] Dou C X, Mao C C, Zhang X Z, et al. Hybrid control for wide-area power systems based on hybrid system theory. International Journal of System Science, 2011, 42(1): 201-217.

[9] Dou C X, Liu B. Hierarchical hybrid control for improving comprehensive performance in smart power system. Internetal Journal of Electrical Power & Energy Systems, 2012, 40(3): 595-606.

[10] Anderson P M, Mirheydar M. An adaptive method for setting underfrequency load shedding relays. IEEE Transactions on Power Systems, 1992, 7(2): 647-655.

[11] Seethalekshmi K, Singh S N, Srivastava S C. A synchrophasor assisted frequency and voltage stability based load shedding scheme for self-healing of power system. IEEE Transactions on Smart Grid, 2011, 2(2): 221-230.

[12] Fangming W, Jian X T. Modeling of a transmission line protection relaying scheme using Petri nets. IEEE Transactions on Power Delivery, 1997, 12(3): 1055-1063.

[13] Chen C S, Lin C H, Tsai H Y. A rule-based expert system with colored Petri net model for distribution system service restoration. IEEE Transactions on Power Systems, 2002, 17(4): 1073-1080.

[14] Katiraei F, Iravani M R, Lehn P W. Micro-grid autonomous operation during and subsequent to islanding process. IEEE Transactions on Power Delivery, 2005, 20(1): 248-257.

[15] Dou C X, Liu B. Transient control for micro-grid with multiple distributed generations based on hybrid system theory. International Journal of Electrical Power & Energy Systems, 2012, 42(1): 408-417.

[16] Hui N, Hrydt G T, Framer R. Autonomous damping controller design for power system oscillations//The Power Engineering Society Summer Meeting, Seattle, 2000.

第6章　基于多智能体的微电网混合技术

安全性与稳定性是评估微电网性能的重要指标，但在现实的微电网系统中分布式能源、运行环境的不确定性等因素，会导致微电网系统的稳定性和安全性受到严重影响，本章在多智能体系统(MAS)的基础上通过 DHPN(Differential Hybrid Petri-Net，DHPN)设计了微电网三级事件触发混合控制方案。该控制方案可以跟踪负载曲线，且可实时切换运行模式，从而提高系统安全性与稳定性。其次考虑对高渗透配电网设计一种三级分散协调控制方案，通过上级能量优化管理智能体、中级协调切换控制智能体与下级多个单元控制智能体物理层上的三级别的智能体，实现在负载切投或严重干扰下，通过实时切换运行模式，保持较好的安全性、稳定性和最小成本运行。最后通过 Petri 网和信息融合技术实现运行模式智能重构，以保证微电网保持安全电压和在最优经济效益下运行，并给出微电网在 MAS 基础上混合控制方案的实例仿真。

6.1　基于多智能体的微电网混合技术介绍

相比传统电力系统，微电网系统在以下几个方面需要更好的性能。

(1)系统的复杂性。微电网系统通常包含多种类型的 DER，例如，分布式发电单元(Distributed Generation Unit，DGU)和分布式存储设备，而且它们具有不同的动态特性[1,2]。

(2)混合动力学行为的复杂性。大多数分布式发电单元都具有连续和离散的动态特性，且它们的发电特性都符合物理定律并具有连续的动态行为；同时，它们以多模式运行以适应外界自然条件的变化，并将此描述为事件触发的离散行为[3]。

(3)运行模式的不确定性。微电网系统中存在多个功率输出高度依赖自然条件的分布式发电单元，这种可再生能源通常只能提供间歇的和不确定的电能。

(4)多模式运行特性。在微电网系统中，分布式发电单元以多模式运行以适应外界自然条件的变化，在此过程中，需要存储单元在放电和充电状态间频繁切换[4,5]。

为满足微电网所需的性能，在设计过程中可通过以下方式解决。

(1)针对微电网的多模式运行特性，可将微电网应设计成一个多智能体系统，以实现运行模式的实时重构。

MAS 是一个自治系统,将多个智能体组合在一起,且通过合作和竞争相互依赖,而形成的一个有机整体,以实现单个智能体和整个 MAS 的目标[6,7]。由于 MAS 具有良好的自治性、反应性、交互性和主动性等特性,所以可以灵活有效地处理一些复杂问题[8,9]。因此,基于 MAS 的控制可以灵活地重构微电网的运行模式和网络配置,使得微电网即使在不确定的运行环境下也能满足高能量、高灵活性和低成本的可变能量需求。

(2)针对明显的混合行为,智能微电网可以被设计为由连续控制、离散控制和两者交互所组成的混合控制。

为了有效地控制混合动态行为,智能微电网不仅需要处理局部上级连续控制器以调节动态行为,还需要处理在线逻辑协调控制以管理离散行为。最重要的是,还需要智能控制来实现离散控制和连续控制间的实时交互,由此可知这种智能控制是典型的混合控制[10-12]。

本章主要讨论智能微电网的混合控制,为了提高系统安全性和稳定性,提出了一种基于多智能体结构的分级协调控制策略。此外,针对微电网的多模式特性与混合特性,设计一种包含三级切换控制的事件触发混合控制策略,且在此策略中,当违反安全稳定评估指标(Stability Assessment Indexes,SSAI)或约束条件时,可智能重构系统运行模式。

在本章中,通过使用 DHPN 建立 MAS 的模型来设计混合控制策略,并提出一种事件触发混合控制策略,该策略包括三级切换控制。

(1)基于局部连续状态变量约束条件的运行模式内部切换控制。

(2)基于安全稳定性评估指标的运行模式全局协调切换控制。

(3)通过运行模式的改变,连续动态跟随的切换控制。

通过使用与 DHPN 中的测试弧、法向弧和禁止弧相关的使能函数和节点函数来实现的事件触发混合控制,根据运行状态,以一种灵活和自适应的方式对智能微电网的运行模式进行重构。

6.2   多智能体系统与微电网的事件触发混合控制

6.2.1   基于微电网混合模型的多智能体系统

在孤岛模式中,一些单元可能会通过局部主控制(即下垂控制)调节微电网的频率和电压,例如,频率和电压的下垂控制[13-15]。因此,智能重新配置策略需要切换 DER 的运行模式,以满足不同情况下的负载需求并保持安全性能[16]。针对不同结构的微电网,运行模式的重构策略也会有所差异。本小节设计的微电网的多智能体结构图如图 6-1 所示，包含可再生光伏发电、可再生风能发电、燃料电池和微型涡轮发电机组、电池系统和一组负载。其中，每个发电机组的管理和控制由其各自的智能体执行，并且运行模式的协调控制有上级协调控制智能体执行。

在本小节中，通过构建基于 DHPN 模型的 MAS 系统来描述微电网的混合行为。其中 DHPN 由 14 元组 $(PD, TD, PDF, TDF, X, AN, AI, AT, Pre, Pos, \varGamma, H, J, M_0)$ 所定义[17-19]。

针对图 6-1 所示的六个智能体，微电网模型由六个智能体单元通过 DHPN 模型进行描述，基于多智能体结构的微电网的 DHPN 模型如图 6-2 所示，包括一个上级协调控制智能体和五个单元智能体的 DHPN 模型。在每个 DHPN 模型中，离散库所（discrete places）表示其智能体的运行模式，如表 6-1 所示；离散变迁（discrete transitions）表示离散事件的发生，这些离散事件导致运行模式的切换，如表 6-2 所示；微分库所（differential places）表示其连续状态如表 6-3 所示；微分变迁微分库所（differential transitions）表示其连续动力学行为，如表 6-4 所示[20,21]。

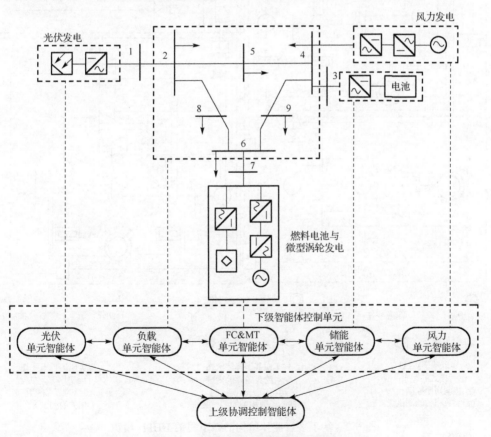

图 6-1　微电网的多智能体结构图

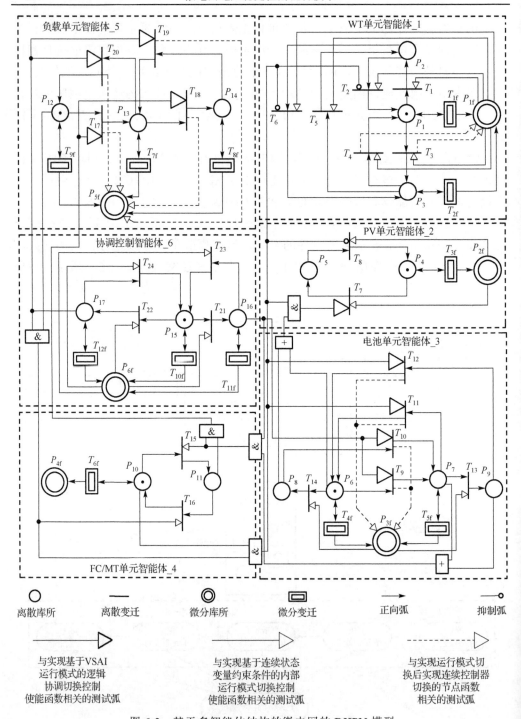

图 6-2　基于多智能体结构的微电网的 DHPN 模型

表 6-1　DHPN 模型中离散库所的描述

离散库所	描述
P_1	风力发电 (Wind Turbine，WT) 单元智能体中的最大功率点跟踪 (Maximum Power Point Tracking，MPPT) 运行模式
P_2	WT 单元智能体中的停止运行模式
P_3	WT 单元智能体中的恒定功率输出运行模式
P_4	光伏发电 (Photovoltaic，PV) 单元智能体中的 MPPT 运行模式
P_5	PV 单元智能体中的停止运行模式
P_6	储能单元智能体中的充电运行模式
P_7	储能单元智能体中的放电运行模式
P_8	储能单元智能体中电池的最大荷电状态 (State of Charge，SOC) 的停止运行模式
P_9	储能单元智能体中电池的最小 SOC 的停止运行模式
P_{10}	燃料电池/微型燃气轮机 (Fuel Cell&Micro Turbine，FC&MT) 单元智能体中的低功率输出模式
P_{11}	FC&MT 单元智能体中的额定功率输出模式
P_{12}	负载单元智能体中的满负荷运行模式
P_{13}	负载单元智能体中的部分负荷运行模式
P_{14}	负载单元智能体中的轻载运行模式
P_{15}	微电网中的正常电压运行模式
P_{16}	微电网中的不安全低压运行模式
P_{17}	微电网中的不安全高压运行模式

表 6-2　DHPN 模型中离散变迁的描述

离散变迁	描述
T_1	WT 从 MPPT 运行模式切换至停止运行模式
T_2	WT 从停止运行模式切换至 MPPT 运行模式
T_3	WT 从 MPPT 运行模式切换至恒定输出运行模式
T_4	WT 从恒定输出运行模式切换至 MPPT 运行模式
T_5	WT 从恒定输出运行模式切换至停止运行模式
T_6	WT 从停止运行模式切换至恒定输出运行模式
T_7	PV 从 MPPT 运行模式切换至停止运行模式
T_8	PV 从停止运行模式切换至 MPPT 运行模式
T_9	储能单元智能体中电池从充电运行模式切换至放电运行模式
T_{10}	储能单元智能体中电池从最大 SOC 停止运行模式切换至放电运行模式
T_{11}	储能单元智能体中电池从放电运行模式切换至充电运行模式
T_{12}	储能单元智能体中电池从最小 SOC 的停止运行模式切换至充电运行模式
T_{13}	由于储能单元智能体中电池 SOC 达到最小值，电池停止放电
T_{14}	由于储能单元智能体中电池 SOC 达到最大值，电池停止充电
T_{15}	FC&MT 从低功率输出运行模式切换至额定功率运行模式
T_{16}	FC&MT 从额定功率运行模式切换至低输出功率运行模式

续表

离散变迁	描述
T_{17}	部分减载
T_{18}	最大减载量
T_{19}	负荷部分恢复
T_{20}	负荷完全恢复
T_{21}	SSAI 低于最小安全值
T_{22}	SSAI 高于最大安全值
T_{23}	SSAI 升至正常范围
T_{24}	SSAI 降至正常范围

表 6-2 中，所有离散变迁都定义为"逻辑有效"，即当其连接的启用函数被激活时，将触发离散变迁，同时，只有当它前置库所具有托肯(token)时，其相应的事件才会发生，即"变迁触发"，其中托肯以实心黑圆圈表示，表示为该单元当前所处的某一具体状态，所有托肯组成了当前单元所有具体状态的集合。

表 6-3　DHPN 模型中微分库所的描述

微分库所	描述
P_{1f}	WT 单位智能体中的连续状态
P_{2f}	PV 单位智能体中的连续状态
P_{3f}	储能单元智能体中的连续状态
P_{4f}	FC/MT 单位智能体中的连续状态
P_{5f}	负载单元智能体中的连续状态
P_{6f}	微电网中的主节点电压状态

表 6-4　DHPN 模型中微分变迁库所的描述

微分变迁	描述
T_{1f} 和 T_{2f}	分别对应 P_1 和 P_3 运行模式下，WT 的连续动态特性
T_{3f}	P_4 运行模式下 PV 的连续动态特性
T_{4f} 和 T_{5f}	分别对应 P_6 和 P_7 运行模式下，储能单元智能体中电池的连续动态特性
T_{6f}	P_{10} 运行模式下，FC&MT 的连续动态特性
$T_{7f} \sim T_{9f}$	分别对应 P_{13}、P_{14} 和 P_{12} 运行模式下，负荷的连续动态特性
$T_{10f} \sim T_{12f}$	分别对应 P_{15}、P_{16} 和 P_{17} 运行模式下，微电网的实时评估动态电压

表 6-4 中，所有微分变迁 $T_{1f} \sim T_{9f}$ 通过微分方程 $\dot{x}_i = f_{is}(x_i, u_{is}, t)\theta$ 描述，其中，i 表示为第 i 个智能体，s 表示为第 i 个智能体的第 s 个模式。微分变迁 $T_{10f} \sim T_{12f}$ 表示为微电网的实时评估动态电压。

正向弧函数 $\mathrm{PreD}(P_i, T_j)$、$\mathrm{PreDDF}(P_i, T_{jf})$、$\mathrm{PosD}(P_i, T_j)$ 和 $\mathrm{PosDDF}(P_i, T_{jf})$ 被定义为"1"，另外，正向弧函数 $\mathrm{PosDDF}(P_i, T_{jf})$ 表示为各个智能体的连续状态向量。

　　由于每个智能体只在一种模式下运行，因此与运行模式对应的库所通过托肯进行标注，且其他库所没有托肯，因此在每个智能体 DHPN 模型中只有一个托肯。在 DHPN 模型中，对应于六个智能体的初始模式，初始托肯表示为 $\text{mD}_{10}(P_i) = [1,0,0]$、$\text{mD}_{20}(P_i) = [1,0]$、$\text{mD}_{30}(P_i) = [1,0,0,0]$、$\text{mD}_{40}(P_i) = [1,0]$、$\text{mD}_{50}(P_i) = [1,0,0]$ 和 $\text{mD}_{60}(P_i) = [1,0,0]$；其中 $\text{mD}_{10}(P_{if}) \sim \text{mD}_{60}(P_{if})$ 分别为六个智能体的初始状态向量 x_{i0}。

6.2.2　基于混合控制的多智能体系统

　　1）智能体内部运行模式的切换控制

　　在 DHPN 模型中，$\text{HDF}(P_{if}, T_j)$ 为与微分前置变迁和离散变迁之间测试弧相关的使能函数。通过使能函数 $\text{HDF}(P_{if}, T_j)$ 实现连续状态变量约束的运行模式之间的切换控制，且该切换控制具有以下特点。

　　（1）由连续状态变量驱动的离散控制。

　　（2）当违反连续状态的约束条件时，触发切换运行模式。

　　（3）基于其局部连续状态，在每个智能体中执行内部模式切换。

　　在图 6-2 中，将通过 $\text{HDF}(P_{if}, T_j)$ 的切换控制定义为

$$\text{HDF}(P_{1f}, T_1) \xrightarrow{\downarrow} v \leqslant v_{ci} \Rightarrow P_w = 0 \tag{6-1}$$

$$\text{HDF}(P_{1f}, T_2) \xrightarrow{\uparrow} v_{ci} < v \leqslant v_R \Rightarrow P_w = P_R(v - v_{ci})/(v_R - v_{ci}) \tag{6-2}$$

$$\text{HDF}(P_{1f}, T_3) \xrightarrow{\uparrow} v_R < v \leqslant v_{c0} \Rightarrow P_w = P_R \tag{6-3}$$

$$\text{HDF}(P_{1f}, T_5) \xrightarrow{\uparrow} v > v_{c0} \Rightarrow P_w = 0 \tag{6-4}$$

$$\text{HDF}(P_{1f}, T_6) \xrightarrow{\downarrow} v_R < v \leqslant v_{c0} \Rightarrow P_w = P_R \tag{6-5}$$

$$\text{HDF}(P_{1f}, T_4) \xrightarrow{\downarrow} v_{ci} < v \leqslant v_R \Rightarrow P_w = P_R(v - v_{ci})/(v_R - v_{ci}) \tag{6-6}$$

其中，P_R 为风力发电机的额定功率；v_{ci} 为切入风速；v_{c0} 为截止风速；$v_{ci} < v_R < v_{c0}$ 为额定风速；"↓"代表风速下降；"↑"代表风速上升。

$$\text{HDF}(P_{2f}, T_7) \xrightarrow{\downarrow} G_{ing} \leqslant C \Rightarrow P_{PV} = 0 \tag{6-7}$$

$$\text{HDF}(P_{2f}, T_8) \xrightarrow{\uparrow} G_{ing} > C \Rightarrow P_{PV} = P_{stc}(G_{ing}/G_{stc})(1 + k(T_c - T_r)) \tag{6-8}$$

其中，P_{PV} 为辐照度 G_{ing} 下的 PV 输出功率；P_{stc} 为标准条件下的最大功率；G_{ing} 为太阳辐照度；G_{stc} 为 1000W/m^2 的标准辐照度；k 为温度系数；T_c 为电池温度；根据储能单元智能体中 PV 电池的性能，T 为参考温度 25℃；C 为辐射度 G_{ing} 的阈值。

$$\text{HDF}(P_{3f}, T_{13}) \xrightarrow{\downarrow} \text{SOC} = \text{SOC}_{min} \Rightarrow P_- = 0 \tag{6-9}$$

$$\text{HDF}(P_{3f}, T_{13}) \xrightarrow{\quad\uparrow\quad} \text{SOC} = \text{SOC}_{\text{max}} \Rightarrow P_+ = 0 \qquad (6\text{-}10)$$

其中，P_+ 和 P_- 分别为储能单元智能体中电池的充电功率和放电功率；SOC_{max} 和 SOC_{min} 分别为储能单元智能体中电池的最大荷电状态和最小荷电状态。

$$\text{HDF}(P_{6f}, T_{21}) \xrightarrow{\quad\downarrow\quad} m(U) \leq U_{\text{min}} \qquad (6\text{-}11)$$

$$\text{HDF}(P_{6f}, T_{22}) \xrightarrow{\quad\uparrow\quad} m(U) > U_{\text{max}} \qquad (6\text{-}12)$$

$$\text{HDF}(P_{6f}, T_{23}) \xrightarrow{\quad\uparrow\quad} U_{\text{min}} < m(U) \leq U_e \qquad (6\text{-}13)$$

$$\text{HDF}(P_{6f}, T_{24}) \xrightarrow{\quad\downarrow\quad} U_e < m(U) \leq U_{\text{max}} \qquad (6\text{-}14)$$

其中，$m(U)$ 为电压稳定性风险指标（VSRI）；U_{min} 为电压的最小安全阈值；U_e 为额定电压；U_{max} 为电压的最大安全阈值。通过评估多个节点中的电压来确定 VSRI。通过使能函数 $\text{HDF}(P_{if}, T_j)$ 进行切换控制，运行模式的逻辑切换控制使能函数 $\text{HDF}(P_{if}, T_j)$ 的描述如表 6-5 所示。

表 6-5　运行模式的逻辑切换控制使能函数的描述

函数	描述
$\text{HDF}(P_{1f}, T_1)$	当连续状态变量下降至 $v \leq v_{ci}$ 时，使能函数 $\text{HDF}(P_{1f}, T_1)$ 被激活，从而触发离散变迁 T_1 且 WT 智能体的运行模式切换为 P_2，使得 $P_w = 0$
$\text{HDF}(P_{1f}, T_2)$	当连续状态变量上升至 $v_{ci} < v \leq v_R$ 时，使能函数 $\text{HDF}(P_{1f}, T_2)$ 被激活，从而触发离散变迁 T_2 且 WT 智能体的运行模式切换为 P_1，使得 $P_w = P_R(v - v_{ci})/(v_R - v_{ci})$
$\text{HDF}(P_{1f}, T_3)$	当连续状态变量上升至 $v_R < v \leq v_{co}$ 时，使能函数 $\text{HDF}(P_{1f}, T_3)$ 被激活，从而触发离散变迁 T_3 且 WT 智能体的运行模式切换为 P_3，使得 $P_w = P_R$
$\text{HDF}(P_{1f}, T_4)$	当连续状态变量下降至 $v_{ci} < v \leq v_R$ 时，使能函数 $\text{HDF}(P_{1f}, T_4)$ 被激活，从而触发离散变迁 T_4 且 WT 智能体的运行模式切换为 P_1，使得 $P_w = P_R(v - v_{ci})/(v_R - v_{ci})$
$\text{HDF}(P_{1f}, T_5)$	当连续状态变量上升至 $v > v_{co}$ 时，使能函数 $\text{HDF}(P_{1f}, T_5)$ 被激活，从而触发离散变迁 T_5 且 WT 智能体的运行模式切换为 P_2，使得 $P_w = 0$
$\text{HDF}(P_{1f}, T_6)$	当连续状态变量下降至 $v_R < v \leq v_{co}$ 时，使能函数 $\text{HDF}(P_{1f}, T_6)$ 被激活，从而触发离散变迁 T_6 且 WT 智能体的运行模式切换为 P_3，使得 $P_w = P_R$
$\text{HDF}(P_{2f}, T_7)$	当连续状态变量下降至 $G_{ing} \leq C$ 时，使能函数 $\text{HDF}(P_{2f}, T_7)$ 被激活，从而触发离散变迁 T_7 且 WT 智能体的运行模式切换为 P_5，使得 $P_{PV} = 0$
$\text{HDF}(P_{2f}, T_8)$	当连续状态变量上升至 $G_{ing} > C$ 时，使能函数 $\text{HDF}(P_{2f}, T_8)$ 被激活，从而触发离散变迁 T_8 且 WT 智能体的运行模式切换为 P_4，使得 $P_{PV} = P_{stc}(G_{ing}/G_{stc})\left(1 + k(T_c - T_r)\right)$
$\text{HDF}(P_{3f}, T_{13})$	当连续状态变量下降至 $\text{SOC} = \text{SOC}_{\text{min}}$ 时，使能函数 $\text{HDF}(P_{3f}, T_{13})$ 被激活，从而触发离散变迁 T_{13} 且 WT 智能体的运行模式切换为 P_9，使得 $P_- = 0$
$\text{HDF}(P_{3f}, T_{14})$	当连续状态变量上升至 $\text{SOC} = \text{SOC}_{\text{max}}$ 时，使能函数 $\text{HDF}(P_{3f}, T_{14})$ 被激活，从而触发离散变迁 T_{14} 且 WT 智能体的运行模式切换为 P_8，使得 $P_+ = 0$

续表

函数	描述
$\text{HDF}(P_{6f}, T_{21})$	当连续电压评估指标下降至 $m(U) \leqslant U_{\min}$ 时，使能函数 $\text{HDF}(P_{6f}, T_{21})$ 被激活，从而触发离散变迁 T_{21} 且 WT 智能体的运行模式切换为 P_{16}
$\text{HDF}(P_{6f}, T_{22})$	当连续电压评估指标上升至 $m(U) > U_{\min}$ 时，使能函数 $\text{HDF}(P_{6f}, T_{22})$ 被激活，从而触发离散变迁 T_{22} 且 WT 智能体的运行模式切换为 P_{17}
$\text{HDF}(P_{6f}, T_{23})$	当连续电压评估指标下降至 $U_{\min} < m(U) \leqslant U_e$ 时，启动函数 $\text{HDF}(P_{6f}, T_{23})$ 被激活，从而触发离散变迁 T_{23} 且 WT 智能体的运行模式切换为 P_{15}
$\text{HDF}(P_{6f}, T_{24})$	当连续电压评估指标下降至 $U_e < m(U) \leqslant U_{\max}$ 时，使能函数 $\text{HDF}(P_{6f}, T_{24})$ 被激活，从而触发离散变迁 T_{24} 且 WT 智能体的运行模式切换为 P_{15}

2) 智能体间运行模式的协调切换控制

在 DHPN 模型中，通过使能函数 $\text{HD}(P_i, T_j)$ 设计运行模式的协调切换控制。切换控制具有以下特点。

(1) 主要由整个微电网的电压运行模式和其他单元智能体的运行模式共同驱动的离散控制。

(2) 当基于 VSRI 评估电压不安全时，触发切换运行模式。

(3) 实现智能体之间的协调切换模式。

此外，抑制函数 $\text{PreDI}(P_i, T_j)$ 被设计为在某些特定条件下限制切换模式。为了建立协调控制，通过如下逻辑关系来设置智能体运行模式之间的逻辑关系为

$$\overline{P} = P_{16}(P_7 + P_9)$$

$$\overline{\overline{P}} = P_{11}P_{16}(P_7 + P_9)$$

$$\tilde{P} = P_{12}P_{17}$$

$$\tilde{\tilde{P}} = P_{10}P_{12}P_{17}$$

$$\hat{P} = P_{10}P_{12}P_{17}(P_6 + P_8)$$

在 DHPN 模型通过使能函数 $\text{HD}(P_i, T_j)$ 进行协调切换控制的描述如表 6-6 所示，DHPN 模型通过抑制函数 $\text{PreDI}(P_i, T_j)$ 进行协调切换控制的描述如表 6-7 所示。

表 6-6　通过使能函数进行协调切换控制的描述

使能函数	描述
$\text{HD}(P_{16}, T_9)$	当离散前置库所 P_{16} 有托肯时，激活使能功能，从而触发离散变迁 T_9。在此情况下，仅当前置库所 P_6 有托肯时，储能单元智能体中电池的运行模式将切换为 P_7，否则，保持当前运行模式运行

使能函数	描述
$HD(P_{16}, T_{10})$	当离散前置库所 P_{16} 有托肯时，也触发离散变迁 T_{10}。在此情况下，仅当前置库所 T_8 具有托肯时，储能单元智能体中电池的运行模式才会切换为 P_7
$HD(\overline{P}, T_{15})$	当库所 P_{16} 和 P_7 或 P_9 中的任何一个同时具有托肯时，触发离散变迁 T_{15}。在此情况下，仅当前置库所 P_{10} 具有托肯时，FC&MT 的运行模式将切换为 P_{10}
$HD(\overline{\overline{P}}, T_{17})$	当库所 P_{11}、P_{16} 和 P_7 或 P_9 中的任何一个同时具有托肯时，触发离散变迁 T_{17}。在此情况下，仅当前置库所 P_{12} 具有托肯时，负载的运行模式才会切换为 P_{13}
$HD(\overline{\overline{P}}, T_{18})$	当库所 P_{11}、P_{16} 和 P_7 或 P_9 中的任何一个同时具有托肯时，也触发离散变迁 T_{18}。在此情况下，仅当前置库所 P_{13} 具有托肯时，负载的运行模式才会切换为 P_{14}
$HD(P_{17}, P_{19})$	当离散前置库所 P_{17} 具有托肯时，触发离散变迁 P_{19}。在此情况下，仅当前置库所 P_{14} 具有托肯时，负载的运行模式才会切换为 P_{13}
$HD(P_{17}, P_{20})$	当离散前置库所 P_{17} 具有托肯时，也触发离散变迁 P_{20}。在此情况下，仅当前置库所 P_{13} 具有托肯时，负载的运行模式才会切换为 P_{12}
$HD(\widetilde{P}, T_{16})$	当库所 P_{12} 和 P_{17} 同时具有托肯时，触发离散变迁 T_{16}。在此情况下，仅当前置库所 P_{11} 具有托肯时，FC&MT 的运行模式将切换为 P_{10}
$HD(\widetilde{\widetilde{P}}, T_{11})$	当库所 P_{10}、P_{12} 和 P_{17} 同时具有托肯时，触发离散变迁 T_{11}。在此情况下，仅当前置库所 P_7 有托肯时，储能单元智能体中电池的运行模式才会切换为 P_6
$HD(\hat{P}, T_{12})$	当库所 P_{10}、P_{12} 和 P_{17} 或 P_6 和 P_8 中的任何一个同时具有托肯时，触发离散变迁 T_{12}。在此情况下，仅当前置库所 P_4 具有指变迁时，PV 的运行模式将切换为 P_5

表 6-7　通过抑制函数进行协调切换控制的描述

抑制函数	描述
$PreDI(\widetilde{\widetilde{P}}, T_2)$	当库所 P_{10}、P_{12} 和 P_{17} 同时具有托肯时，限制离散变迁 T_2 不触发
$PreDI(\widetilde{\widetilde{P}}, T_6)$	当库所 P_{10}、P_{12} 和 P_{17} 同时具有托肯时，限制离散变迁 T_6 不触发
$PreDI(\widetilde{\widetilde{P}}, T_8)$	当库所 P_{10}、P_{12} 和 P_{17} 同时具有托肯时，限制离散变迁 T_2 不触发

3) 智能体连续动态的切换控制

在 DHPN 模型中，利通过节点函数进行运行模式的切换控制，且连续动态的切换控制跟随运行模式的改变而切换，其中的切换控制具有以下特点。

①由离散事件触发的离散控制。

②当相应运行模式改变时，触发连续动态控制器切换。

③为了使 MAS 稳定，实现在每个智能体中都有连续控制器的切换。

在图 6-2 中，通过节点函数 $J(P_i, T_j)$ 进行连续动态局部切换控制的描述如表 6-8 所示。

表 6-8　连续动态局部切换控制的节点函数的描述

节点函数	描述
$J(T_3, P_{1f})$	当离散变迁 T_3 触发时，对 P_{1f} 动力学的连续控制器从 MPPT 调节模式切换到恒定功率调节模式
$J(T_4, P_{1f})$	当离散变迁 T_4 触发时，对 P_{1f} 动力学的连续控制器从恒定功率调节模式切换到 MPPT 调节模式
$J(T_9, P_{3f})$ $J(T_{10}, P_{3f})$	当离散变迁 T_9 或 T_{10} 触发时，对 P_{3f} 动力学的连续控制器从充电调节模式切换到放电动态调节模式
$J(T_{11}, P_{3f})$ $J(T_{12}, P_{3f})$	当离散变迁 T_{11} 或 T_{12} 触发时，对 P_{3f} 动力学的连续控制器从放电调节模式切换到充电动态调节模式
$J(T_{17}, P_{5f})$	当离散变迁 T_{17} 触发时，对 P_{5f} 动力学的连续控制器从满载调节模式切换到部件减载调节模式
$J(T_{18}, P_{5f})$	当离散变迁 T_{18} 触发时，对 P_{5f} 动力学的连续控制器从部分负载调节模式切换到轻载动态调节模式
$J(T_{19}, P_{5f})$	当离散变迁 T_{19} 触发时，对 P_{5f} 动力学的连续控制器从轻负载调节模式切换到部分负载动态调节模式
$J(T_{20}, P_{5f})$	当离散变迁 T_{20} 触发时，对 P_{5f} 动力学的连续控制器从满载调节模式切换到部分负载动态调节模式

6.3　多智能体与配电网的事件触发混合控制

6.3.1　高穿透配电网系统模型

　　本节以连接到主电网的 10kV 配电系统为例，基于 MAS 混合控制策略的高渗透配电网系统模型如图 6-3 所示，其中，主电网表示为一条母线。配电系统根据电气耦合程度分为两个区域，每个区域分别包括一个发电机单元、一个存储单元、一个可再生能源发电单元和一个负载单元。对于配电系统，构建了基于分级控制的 MAS，其中整个系统设计了一个上级能量管理与优化智能体，两个中级区域协调控制智能体和八个单元智能体，而且非敏感负载单元 1、2 和 6 以及敏感负载单元 3、4、5、7 和 8 的组合通过系统的两个径向馈线供电。

　　单个智能体的内部结构如图 6-4 所示，它由反应层和审议层组成，且被定义为"识别、感知和行动"（recognition, perception and action）的反应层具有对环境紧急情况快速做出响应的优先级，例如，风力发电单元智能体的反应层可以感知风速的突变，从而确定是否应立即采取行动以要求切换运行模式，并且被定义为"信念、愿望和意图"（belief, desire and intention）的审议层具有高自治性，可以控制或调节智能体的行为，从而实现其愿望或意图。

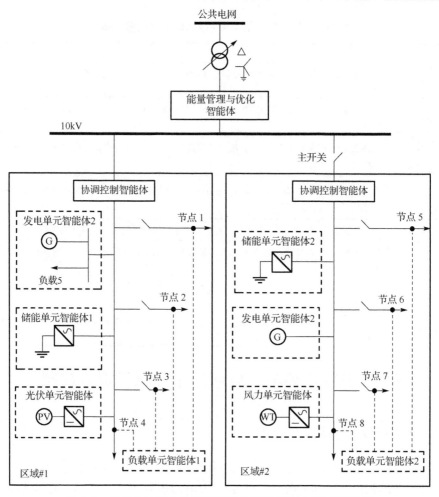

图 6-3　基于 MAS 混合控制策略的高渗透配电网系统模型

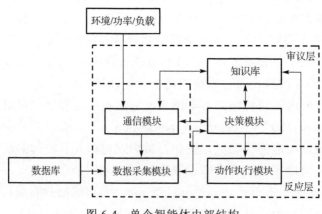

图 6-4　单个智能体内部结构

　　基于 MAS 分级混合控制策略结构图如图 6-5 所示，对于分级 MAS，每个发电单元或负载单元的控制意图由它们各自的单元智能体执行。上级智能体负责整个系统的能量管理与优化，中级智能体负责按区域实现对运行模式的协调控制，下级智能体负责管理各个单元智能体的动态性能。

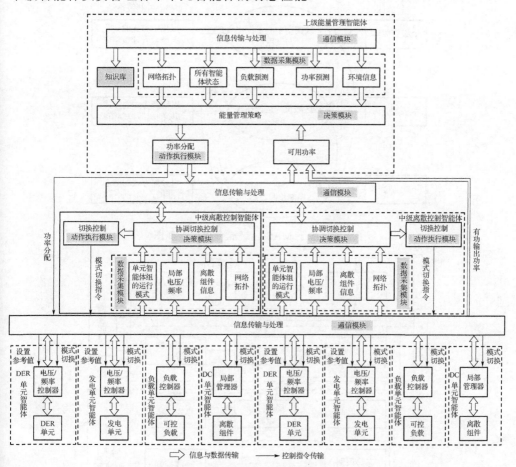

图 6-5 　基于 MAS 分级混合控制策略结构图

6.3.2 　基于分级混合控制的多智能体微电网模型

　　构建基于 MAS 分级混合控制原理图如图 6-6 所示，对微电网多智能体结构构建的分级混合控制结构图如图 6-7 所示。

　　上级能源管理与优化智能体由通信模块、知识库模块、数据采集模块、决策模块和动作执行模块等多功能模块组成，从而达到能源优化分配的目的。首先，通过数据采集模块的采集、监控和学习功能，采集网络的动态信息和系统的运行状态。通过将收集到的信息与知识数据相融合，在决策模块中确定能源管理策略。通过动作执行模块实现能量分配策略。在整个系统中，只有一个能量管理智能体来处理整个电网的能量优化问题。

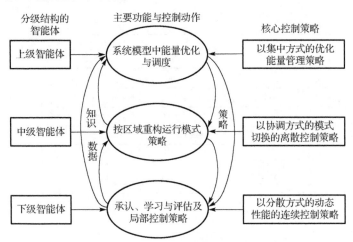

图 6-6　基于 MAS 分级混合控制原理图

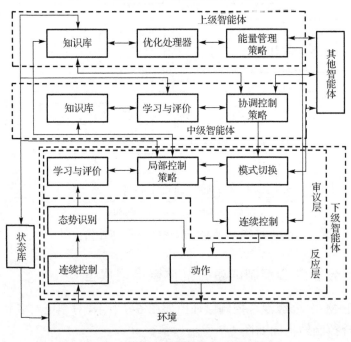

图 6-7　微电网分级混合控制结构图

中级智能体的目标是运行模式的协调控制，由通信模块、数据采集模块、决策模块和动作执行模块等多功能模块组成。利用数据采集模块的状态信息，在决策模块中制定协调切换控制规则,且切换控制由动作执行模块实现。在每个局部区域中,只有一个中级智能体来控制位于该区域中的所有下级单元智能体的运行模式。

　　下级单元控制智能体的目标是管理各个组件单元的动态性能。例如,能源智能体可以通过一些控制命令来决定何时将其发电机组接入/断开,并根据局部状态和与其他智能体的交互来调节其发电机组的动态性能。单元智能体的主要模块是基于局部状态信息的分散式连续控制器,由于动态特性的不同,其连续控制器的设计也存在很大的差异。

　　在基于分级控制的 MAS 中,智能体之间的交互包括直接交互和间接交互。自上而下结构中,上级智能体到单元智能体组的能量分配,中级智能体到单元智能体组的运行模式协调控制,都是通过控制命令传输的直接交互。相反,从下级智能体到上级智能体和中级智能体的交互是基于通信传输的间接交互。

6.4　三级智能体混合控制策略

6.4.1　上级能源管理与优化智能体

　　上级智能体最关键的组件是负责确定能量管理策略的决策模块和负责执行能量分配的动作执行模块。因此,本节主要研究如何在能量管理模型的基础上制定能量管理策略,以及如何通过交互行为实现能量分配。

　　1) 能源管理与优化模型

　　为了进行能量分配,通过使用 CPN 设计从上级智能体到下级单元智能体的能量管理与优化模型如图 6-8 所示。其中 CPN 由 9 元组 $(\Sigma, P, T, A, N, C, G, E, I)$ 定义,其中, Σ 为一组非空集合,也称为着色集; P 为一组库所; T 为一组变迁; A 为一组弧; N 为节点函数; C 为着色函数; G 为保护函数; E 为弧表示函数; I 为一个初始化函数[22]。

　　CPN 与 Petri 网不同,因为其托肯不仅仅是标识,而是还与数据相关的彩色标识有关,CPN 的库所包含多组托肯。CPN 的弧可以执行或指定一些切换条件。所有弧都具有相关的约束函数,以确定要移除或保持的功能。CPN 的切换与强制执行约束的保护函数相关联。因此,可选择 CPN 描述上级智能体与下级智能体之间的交互行为。

　　在图 6-8 中, $PS = \{PS_1, PS_2, \cdots, PS_n\}$ 表示功率预测; $PS_1, PS_2, \cdots, PS_n$ 分别表示发电机单元 1,单元 2, $\cdots$,单元 n ; $\langle ps_1 \rangle, \langle ps_2 \rangle, \cdots, \langle ps_n \rangle$ 分别表示为 $PS_1, PS_2, \cdots, PS_n$ 的元素,且可通过发电厂的功率预测获取。类似地, $UD = \{UD_1, UD_2, \cdots, UD_m\}$ 表

示负载预测指令，$UD_1,UD_2,\cdots,UD_m$ 表示负载单元 1，负载单元 2，$\cdots$，负载单元 m 的能量需求，$\langle ud_1 \rangle,\langle ud_2 \rangle,\cdots,\langle ud_m \rangle$ 分别为 $UD_1,UD_2,\cdots,UD_m$ 的元素，且可通过用户的负载预测获得。$\langle ps_1,ud_1 \rangle,\langle ps_1,ud_2 \rangle,\cdots,\langle ps_1,ud_m \rangle$ 表示发电单元 1 分别提供给负载单元 1，单元 2，$\cdots$，单元 m 的功率分配。$\langle ps_n,ud_1 \rangle,\langle ps_n,ud_2 \rangle,\cdots,\langle ps_n,ud_m \rangle$ 表示发电机单元 n 分别给负载单元 1，单元 2，$\cdots$，单元 m 供电的功率分配，由能源管理与优化策略所决定。所有下级发电机组将调节其功率输出，所有下级负载单元也将根据功率分配控制其需求，库所 P、变迁 T 和连接弧 A 的表示如图 6-8 所示。

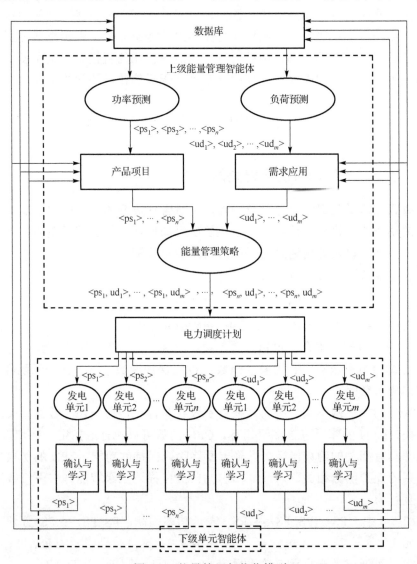

图 6-8　能量管理与优化模型

此外，$D = \{PS,UD\}$、E_- 和 E_+ 函数由能源管理与优化策略决定。初始标志：$m_0(p_1 -功率预测) = \{PS\}$，$m_0(p_1 -用户预测) = \{UD\}$，$m_0(其余情况) = \{null\}$，而且后续托肯 (successor token)：$M'(P) = M(P) - E_-(P,T) + E_+(T,P)$。

2) 能源管理与优化策略

(1) 多目标优化函数。

① 关于经济指标的多目标优化函数可构造为

$$O_1 = \min\left\{\sum_{i=1}^{n}\phi_{is}[(h_{iD} * F_{isD}(P_{isD}) + M_{iD}(P_{isD}) + \lambda_{isD}C_{stiD}) \\ + \sum_{j=1}^{n_g}[(h_{jG} * F_{jG}(P_{jG}) + M_{jG}(P_{jG}))]\right\} \tag{6-15}$$

其中，$i \in \{1,2,\cdots,n_d\}$，n_d 为电网中的 DER 的数量；$s \in \{1,2,\cdots,S_i\}$ 表示为第 i 个 DER 单元的运行模式；$F_{isD}(P_{isD})$ 表示第 i 个 DER 在运行模式下的消耗特性函数；h_{iD} 为第 i 个 DER 的单位燃料价格，对于可再生能源 $h_i \equiv 0$；$M_{iD}(P_{isD})$ 为第 i 个 DER 的维护费用；C_{stiD} 为第 i 个 DER 的起始成本，其中 $\lambda_{isD} \in \{0,1\}$；当第 i 个 DER 处于起始状态时，$\lambda_{isD} = 1$，否则，$\lambda_{isD} = 0$；对 $\phi_{is} \in [0,1]$，其中运行模式 $\phi_{is} = 1$；停止模式 $\phi_{is} = 0$。对 $j \in \{1,2,\cdots,n_g\}$，n_g 为电网中传统发电机的数量；$F_{jG}(P_{jG})$ 表示第 j 台发电机的消耗特性函数；h_{jG} 为第 j 台发电机的单位燃料价格；$M_{jG}(P_{jG})$ 表示第 j 个发电机的维护成本，其被认为与 P_{jG} 成比例且可描述为 $M_{jG}(P_{jG}) = K_j P_{jG}$，其中 K_j 为系数。

在传统发电机中，消耗特性函数描述为

$$F_{jG}(P_{jG}) = c_{0j} + c_{1j}P_{jG} + c_{2j}P_{jG}^2 \tag{6-16}$$

其中，c_{0j}、c_{1j} 和 c_{2j} 为系数。

在 DER 中，例如，燃料电池和微型涡轮机，消耗特性函数可描述为

$$F_{isD}(P_{isD}) = D_{is}(P_{isD}) / \eta(P_{isD}) \tag{6-17}$$

其中，D_{is} 为系数；$\eta(P_{isD})$ 为运行效率。

② 关于污染排放指标的目标函数可构造为

$$O_2 = \min\left\{\sum_{i=1}^{n_d}\sum_{k=1}^{P}\phi_{is}g_{isd}^k P_{isD} + \sum_{j=1}^{n_g}\sum_{l=1}^{Q}g_{jg}^l P_{jD}\right\} \tag{6-18}$$

其中，$k \in \{1,2,\cdots,P\}$，P 为 DER 中排放物质的种类；g_{isd}^k 表示在第 i 个 DER 第 s 种运行模式下第 k 种排放物单位功率的惩罚费，其中可再生能源 $g_{isd}^k \equiv 0$；类似，

$l \in \{1, 2, \cdots, Q\}$，$Q$ 为发电机中排放物质的种类；g_{jg}^{l} 代表第 j 台发电机第 l 类排放物单位功率的惩罚费。

(2) 约束条件。

① 发电的约束条件为

$$P_{is\mathrm{D}\min} \leqslant P_{is\mathrm{D}} \leqslant P_{is\mathrm{D}\max} \tag{6-19}$$

$$P_{j\mathrm{G}\min} \leqslant P_{j\mathrm{G}} \leqslant P_{j\mathrm{G}\max} \tag{6-20}$$

② 储能的约束条件为

$$P_{s\mathrm{E},di,\min} \leqslant P_{s\mathrm{E},di} \leqslant P_{s\mathrm{E},di,\max} \tag{6-21}$$

$$P_{s\mathrm{E},ci,\min} \leqslant P_{s\mathrm{E},ci} \leqslant P_{s\mathrm{E},ci,\max} \tag{6-22}$$

$$E_{s\mathrm{E},i,\min} \leqslant E_{s\mathrm{E},i} \leqslant E_{s\mathrm{E},i,\max} \tag{6-23}$$

其中，$i \in \{1, 2, \cdots, n_e\}$，$n_e$ 为储能单位的数量；$P_{s\mathrm{E},di}$ 和 $P_{s\mathrm{E},ci}$ 分别为放电和充电功率；$E_{s\mathrm{E},i}$ 为第 i 储能单位的容量。

③ 整个系统的约束条件为

$$\sum_{i=1}^{n_d} P_{is\mathrm{D}} + \sum_{j=1}^{n_g} P_{j\mathrm{G}} + \sum_{i=1}^{n_e} [P_{s\mathrm{E},di} - P_{s\mathrm{E},ci}] - \sum_{i=1}^{\bar{m}} P_{\mathrm{load}i} = 0 \tag{6-24}$$

其中，$P_{\mathrm{load}i}$ 为第 i 个负载单位智能体的需求能力；当储能单元以放电模式运行时，$P_{s\mathrm{E},ci} = 0$，其余情况，在充电模式时，$P_{s\mathrm{E},di} = 0$。

(3) 多目标函数优化，多目标优化函数构造为

$$O = \min \left\{ [\gamma_1 O_1 + \gamma_2 O_2] + \sigma \left(\sum_{i=1}^{n_d} P_{is\mathrm{D}} + \sum_{j=1}^{n_g} P_{j\mathrm{G}} + \sum_{i=1}^{n_e} \{P_{s\mathrm{E},di} - P_{s\mathrm{E},ci}\} - \sum_{i=1}^{\bar{m}} P_{\mathrm{load}i} \right) \right\} \tag{6-25}$$

其中，γ_1 和 γ_2 为每个目标函数的权重系数；σ 为惩罚因子。

上级智能体的能源管理与优化策略通过式(6-25)和多目标优化方法描述[23]。

6.4.2 中级离散协调控制智能体

在本节中，研究主要集中在以下两个方面。

(1) 建立离散协调控制指令。

(2) 运行模式的切换。

1) 运行模式协调控制模型

通过 G-net 模型，设计从中级到下级智能体的运行模式协调控制模型，如图 6-9

所示。G-net 是基于智能体的 Petri 网，其定义通过 5 元组 AG = (GSP, GL, KB, PL, IS)，其中，GSP 为一个通用库所；GL 为一个目标模块；KB 为一个知识库模块；PL 为计划模块，IS 为 AG 的内部结构[24]。

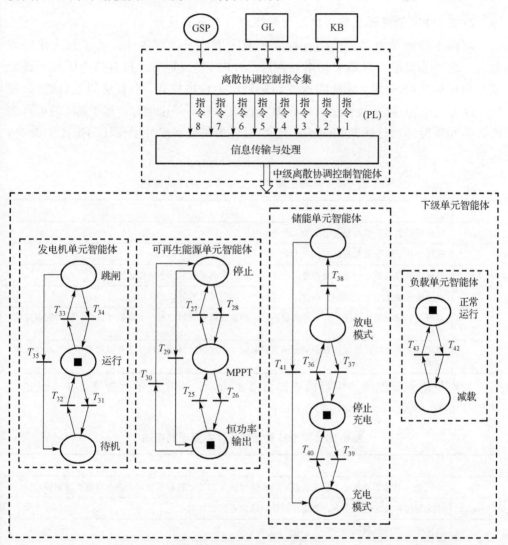

图 6-9   运行模式协调控制模型

在本小节中，中级智能体负责其所在区域内所有下级单位智能体运行模式的协调切换，它需要了解所有单位智能体运行模式的特征，并提供控制目标，然后基于知识数据，制定所有单位智能体的协调控制策略。基于智能体的 G-net 十分适合于设计中级和下级单元智能体间的交互。

GSP 设计成描述所有单元智能体运行模式的特征；GL 提供电压或频率的控制目标；PL 被设计为包括接口和协调控制命令的协调控制策略；IS 由下级单元智能体组成，使用 Petri 网模型进行描述。

2) 基于 PN 的可再生能源单元智能体组内部结构设计

可再生能源发电单元的运行很大程度上取决于外部条件，为了最大化经济效益，这种装置通常以最大功率点跟踪(MPPT)模式运行。只有当电压高于最大安全电压的 1.05 倍时，才能将设备切换到恒定输出模式。当自然能量(如光照强度、风力大小等)降至较低值时，此类装置将不得不停止运行。基于 PN 的可再生能源单元智能体运行模式如图 6-8 所示，且可再生能源单元中变迁的描述如表 6-9 所示。

表 6-9　可再生能源单元智能体变迁的描述

变迁	描述
T_{25}	电压降低至高于最大安全电压的 1.05 倍
T_{26}	电压上升至低于最大安全电压的 1.05 倍
T_{27}	自然能量降低至小于最小允许值，因此可再生能源单元智能体必须停止运行
T_{28}	自然能量增加至大于最小允许值，以便可再生能源单元智能体开始运行
T_{29}	当可再生能源单元智能体处于停止状态时，中级智能体发送控制命令以请求启动，以增加恒定功率输出
T_{30}	当可再生能源单元智能体处于恒定输出状态时，中级智能体发送控制命令以请求停止以减少功率输出

发电机单元智能体的运行模式如图 6-8 所示，发电机单元智能体中变迁的描述如表 6-10 所示。

表 6-10　发电机单元智能体中变迁的描述

变迁	描述
T_{31}	当发电机单元智能体处于额定状态时，中级智能体发送控制命令以请求停止以减少功率输出
T_{32}	中级智能体发送控制命令，以请求重新启动并返回到额定状态
T_{33}	故障导致发电机跳闸
T_{34}	恢复线路，使发电机组返回额定状态
T_{35}	处于跳闸状态的发电机已准备好运行

储能单元智能体通过频繁切换运行模式来维持电能供需之间的平衡。储能单元智能体的运行模式的描述如图 6-8 所示，储能单元智能体中变迁的描述如表 6-11 所示。

表 6-11　储能单元智能体中变迁的描述

变迁	描述
T_{36}	当储能单元智能体处于充电停止状态时，中级智能体发送控制命令请求放电，以增加功率输出
T_{37}	中级智能体发送控制命令以请求停止放电以减少功率输出
T_{38}	储能单元放电到充电状态（SOC）的下界阈值
T_{39}	当储能单元智能体处于停止充电状态时，中级智能体发送控制命令请求充电，以减少功率输出
T_{40}	储能单元充电至 SOC 的上界阈值
T_{41}	储能单元请求充电

负载单元智能体根据协调控制命令使其需求可控，负载智能体的运行模式也如图 6-8 所示，负载单元智能体中变迁的描述如表 6-12 所示。

表 6-12　负载单元智能体中变迁的描述

变迁	描述
T_{42}	当负载单元处于正常状态时，中级智能体发送控制命令以请求减载以减少电力需求
T_{43}	中级智能体发送控制命令以请求恢复负载

3）稳定性的特征指标

（1）频率稳定性风险指标（FRSI）。

具体描述，参考第 5.2.2 节。

（2）电压稳定性风险指标（VRSI）。

具体描述，参考第 5.2.2 节。

（3）逻辑控制指令。

在严重扰动之后，如果稳定性风险指标（Stability Risk Index，SRI）超过其警报值，则意味着系统无法实现扰动后的稳定，且需要触发中级协调控制智能体，以便向下级单元智能体发送相应协调控制指令，并切换其运行模式快速达到稳定状态，这些稳定性风险指标的阈值可以通过模拟软件预先以离线方式在关键运行条件下设定。电压和频率的阈值分别定义为 $\varepsilon_{1,\text{threshold}}$ 和 $\varepsilon_{2,\text{threshold}}$，且根据是否违反阈值条件，得出关于稳定性的结论为

$$\begin{cases} 若\ |\text{VRSI}_i^{(j)}| \geqslant \varepsilon_{1,\text{threshold}}, & 则电压不稳定 \\ 若\ |\text{VRSI}_i^{(j)}| < \varepsilon_{1,\text{threshold}}, & 则电压稳定 \\ 若\ |\text{FRSI}_i^{(j)}| \geqslant \varepsilon_{2,\text{threshold}}, & 则频率不稳定 \\ 若\ |\text{FRSI}_i^{(j)}| < \varepsilon_{2,\text{threshold}}, & 则频率稳定 \end{cases}$$

除如继电器和断路器之类的分立元件之外，通常具有用于接通或断开的控制

指令以通过感测线路电流来隔离故障，其他单元智能体通过运行模式的协调控制来进行切换。根据 FSRI，关于频率的切换控制制定如下：

$$\begin{cases} 若\,|\mathrm{FRSI}^{(j)}| \geqslant \varepsilon_{h2,\mathrm{threshold}} 且\,\mathrm{FRSI}^{(j)} > 0, & 则\,\mathrm{FRSI}^{(j)} - \varepsilon_{h2,\mathrm{threshold}} = F_h \\ 若\,|\mathrm{FRSI}^{(j)}| \geqslant \varepsilon_{h2,\mathrm{threshold}} 且\,\mathrm{FRSI}^{(j)} < 0, & 则\,\mathrm{FRSI}^{(j)} + \varepsilon_{h2,\mathrm{threshold}} = F_h \end{cases}$$

在本节中，选择用 F_h 的模糊集来设计控制指令，即将 F_h 值映射成几个模糊集，并且对应于每个模糊集，设计一种逻辑协调的切换控制指令。首先设置一个模糊域并选择一个三角隶属函数，通过一个定量因子，F_h 可以映射成 8 元组的模糊集 {NB,NM,NS,NZ,PZ,PS,PM,PB}。

关于频率的协调切换控制指令如下。

无指令：若 $|\mathrm{FRSI}^{(j)}| \geqslant \varepsilon_{h2,\mathrm{threshold}}$，则没有指令。

指令 1：根据储能单元智能体的当前状态，如果 F_h 为 PZ，则将储能单元切换到合适的后续模式，以减少少量的电能输出。

指令 2：根据储能单元智能体的当前状态，如果 F_h 为 PS，则将储能单元切换到合适的后续模式，以减少大量的电能输出。

指令 3：根据储能和可再生能源单元智能体的当前状态，如果 F_h 为 PM，则将它们切换到合适的后续模式，以减少大量的实际功率输出。

指令 4：根据储能和可再生能源单元智能体的当前状态，将它们切换到合适的后续模式，如果 F_h 为 PB，则将实际功率输出减小至最小值。

指令 5：根据储能单元智能体的当前状态，如果 F_h 为 NZ，则将储能单元切换到合适的后续模式，以便增加少量的电能输出。

指令 6：根据储能单元智能体的当前状态，如果 F_h 为 NS，则将储能单元切换到合适的后续模式，以增加一定量的电能输出。

指令 7：根据储能和可再生能源单元智能体的当前状态，如果 F_h 为 NM，则将它们切换到合适的后续模式，以增加大量的实际功率输出或部分减载。

指令 8：根据储能和可再生能源单元智能体的当前状态，将它们切换到合适的后续模式，如果 F_h 为 PM，则将实际功率输出增加到最大值或减载。

根据 VSRI，制定类似的关于电压的协调切换控制。

6.4.3 下级连续控制单元智能体

在下级单元控制智能体中，各单元的连续控制的设计高度依赖于其动态特性、控制目标和运行模式，这是设计时需要考虑的因素。

传统发电机的连续控制称为电力系统稳定器(PSS)，通常设计为双闭环控制器，包括电源和电压调节器。在此问题上，Dou 等人进行了一些研究[25,26]。分布式发电机组的连续控制策略通常分为两种：电网跟随控制和电网形成控制。

6.5　基于多智能体的微电网仿真实例与分析

6.5.1　基于多智能体的微电网混合控制仿真实例与分析

为了测试所提出的混合控制方法对微电网的性能，在负载跟随性能下对基于 DHPN 模型的微电网系统进行了仿真测试。其中光伏发电单元智能体、FC&MT 单元智能体、储能单元智能体和风力发电智能体为系统负载供电，一天中从 8:00 至 24:00 的负载曲线如图 6-10(a) 所示，为验证 6.2 节的混合控制策略下的负载跟随性能，分布式发电智能体的最佳有功功率输出曲线如图 6-10(b) 所示，微电网的最大安全电压和最小安全电压曲线图 6-10(c) 所示。

图 6-10(a) 模拟了一天中从 8:00 至 24:00 的负载曲线，图 6-10(b) 模拟了四个分布式发电智能体的最佳有功功率输出。由图 6-10(b) 可知，PV 单元智能体保持 MPPT 模式运行。在 17:00 后，太阳能低于下界阈值，PV 单元智能体强制停止运行。在仿真中，受到风速的影响，WT 单元智能体以以下三种模式运行。

(1) 11:00 至 13:00，风速高于上界阈值时，WT 单元以恒定输出功率模式运行。

(2) 17:00 至 18:45，风速低于下界阈值时，强制停止运行模式。

(3) 其余的时间，在 MPPT 模式下运行。另外，FC&MT 单元智能体以低功率输出模式运行时，以尽可能地降低运行成本。

在 19:00 至 20:25 期间，受自然条件(光照和风力)的影响，PV 单元智能体和 WT 单元智能体都处于停止运行模式，但为了满足更大的负荷需求，FC&MT 单元智能体将强制切换到额定功率输出运行模式。由于储能单元智能体用做实现电网形成控制的主源，当可再生能源发电高于负载需求时，储能单元以充电运行模式运行；当可再生能源发电低于负载需求时，储能单元智能体以放电运行模式运行；在可再生能源发电完全满足负载需求的特定情况时，储能单元智能体处以停止运行模式运行；在可再生能源发电高于负载需求时，储能单元智能体以充电运行模式运行。因此，储能单元智能体常在三种运行模式(充电、放电与停止运行模式)之间切换以匹配不平衡的功率。图 6-10(c) 模拟了微电网的最大安全电压和最小安全电压。由图 6-10(c) 可知，在仿真时间内，由于混合控制可以在遵循负载曲线的同时保持更稳定的电压，因此电压控制在 0.94p.u.～1.04p.u.，波动值限制在额定值的±(4%) 范围内。

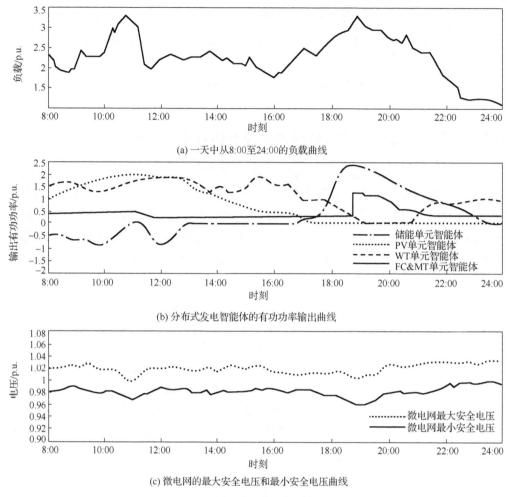

(a) 一天中从8:00至24:00的负载曲线

(b) 分布式发电智能体的有功功率输出曲线

(c) 微电网的最大安全电压和最小安全电压曲线

图 6-10　微电网负载跟随性能

6.5.2　基于三级智能体的高穿透配电网仿真实例与分析

在该仿真研究中，改进的粒子群优化算法 (Improved Particle Swarm Optimization，IPSO)[23]用于处理上级智能体的能量管理与优化问题。通过线性矩阵不等式 (LMI) 技术的 H_∞ 鲁棒稳定方法设计单元智能体的连续控制器，在 MATLAB 工具箱中使用 LMI 的凸优化技术，得到多模连续控制器参数。

在 Java 智能体开发框架 (Java Agent Development Framework，JADF) 中，基于物理智能体、智能体通信语言 (FIPA-AC) 的基础，实现了不同级别的智能体之间的交互行为。

1）负载切投扰动下高穿透配电网的性能仿真

以图 6-3 中区域#1 为例来测试负载频繁变化时，电压和频率的控制性能。图 6-3 中区域#1 中非敏感负载连接情况的描述如表 6-13 所示，其中"X"表示连接的负载，空白表示断开的负载。

在负载切投扰动下高渗透配电网区域#1 的性能仿真如图 6-11 所示。从图 6-11（a）可知，在大部分时间内，频率低于 1.00p.u.，且控制在 0.98p.u.～1.02p.u.。在仿真时间内，频率的波动被限制在标称值的±（2%）范围内。节点 1、节点 2、节点 3 和节点 4 的电压如图 6-11（b）所示，在仿真时间内，即使对于底部节点 4，所有电压电平都不会低于标称值的 5%。在此情况下，在负载变化后，仅频繁切换储能单元的运行模式就可满足可变负载需求，如图 6-11（c）所示。可再生能源单元总是以 MPPT 模式运行，以保证尽可能小的运行成本。本实例表明基于 MAS 的分级混合控制能够通过切换储能单元的运行模式来跟随负载变化。

表 6-13　非敏感负载连接情况的描述

仿真时间/h	负载 1	负载 2
0～2	X	
2～4	X	X
4～6		
6～8	X	X
8～10		X

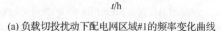

(a) 负载切投扰动下配电网区域#1的频率变化曲线

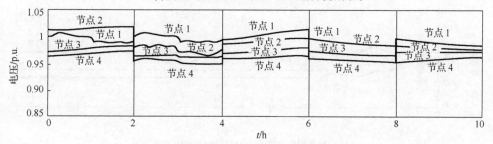

(b) 负载切投扰动下配电网区域#1的电压变化曲线

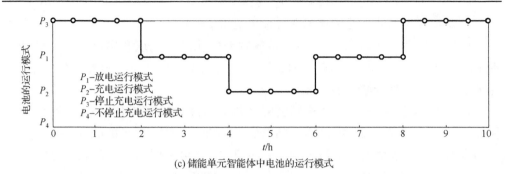

(c) 储能单元智能体中电池的运行模式

图 6-11　负载切投扰动下高渗透配电网区域#1 的性能仿真

2) 暂时性扰动下高穿透配电网的性能仿真

本实例目的是研究暂态严重扰动后，电压和频率的性能。在 $t=0.2\mathrm{s}$ 时，主开关线路上发生短路故障，并在 $t=0.3\mathrm{s}$ 时被清除，从而恢复传输线路。

在暂时性扰动下高渗透配电网区域#2 的性能仿真如图 6-12 所示。由图 6-12 可知，在 $t=0.5\mathrm{s}$、$0.74\mathrm{s}$、$1.35\mathrm{s}$ 时，储能单元智能体中电池只需进行三次切换，$t=0.85\mathrm{s}$ 后，频率迅速稳定，且频率偏差在 ±(2%) 范围内。图 6-3 中区域#2 的节点 5、节点 6、节点 7 和节点 8 的所有电压在扰动过程中均保持在安全范围内，电压值始终不小于标称值的 95%。这意味着基于分级混合控制的 MAS 能够在暂时性扰动后，将电压和频率保持在一个安全的水平。

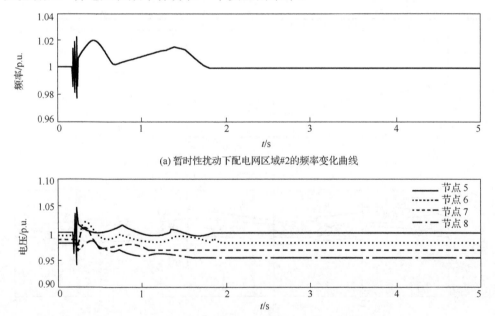

(a) 暂时性扰动下配电网区域#2的频率变化曲线

(b) 暂时性扰动下配电网区域#2的电压变化曲线

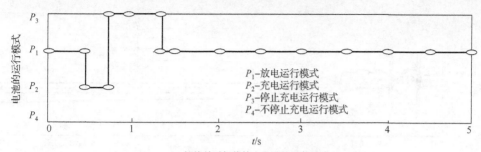

(c) 储能单元智能体中电池的运行模式

图 6-12　暂时性扰动下高渗透配电网区域#2 的性能仿真

3) 永久性扰动下高穿透配电网的性能仿真

本小节首次用于研究非计划孤岛后，电压和频率的自愈性能。非计划孤岛是由 8:00 主开关线路上发生的永久性对称三相短路故障引起的，考虑的故障顺序如下。

阶段 1：故障发生在 $t = 8.002\text{h}$ 。

阶段 2：通过在 $t = 8.0025\text{h}$ 时，打开故障线路的主开关，故障被排除。

阶段 3：主开关输电线路在 $t = 8.005\text{h}$ 时重新连接。由于故障是永久性的，因此重新合闸不成功。

阶段 4：在 $t = 8.005\text{h}$ 时，通过断开故障线路的主开关，在图 6-3 区域#2 中形成孤岛。

在永久性扰动下高渗透配电网区域#2 非计划孤岛的性能仿真如图 6-13 所示，孤岛初始阶段的电压和频率波动比较剧烈，大约 1.5s 后，电压和频率迅速稳定下来，其原因是在储能单元智能体中电池组运行初期，为了保持供需平衡，经常切换电池组的运行方式。在孤岛过渡过程中，只要切换电池组的运行模式，孤岛系统的频率变化就被限制在 2% 以内，所有节点的电压下降都小于 5%，这表明所提出的控制方案具有孤岛运行后电压和频率的自愈能力。

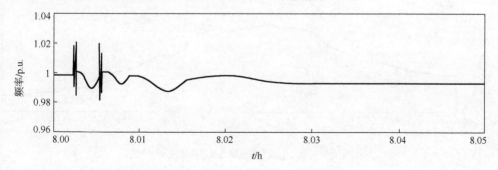

(a) 永久性扰动下配电网区域#2的频率变化曲线

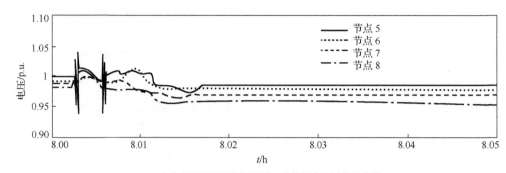

(b) 永久性扰动下配电网区域#2的各节点电压变化曲线

图 6-13 永久性扰动下高渗透配电网区域#2 非计划孤岛的性能仿真

将模拟时间从 8 小时设置为 24 小时，以测试孤岛系统的能量管理优化性能。区域#2 中孤岛模式的负载曲线如图 6-14(a)所示，风力发电单元的风速变化曲线如图 6-14(b)所示，风速来自实际测量数据。三个发电机单元智能体(包括发电机单元智能体、WT 单元智能体和储能单元智能体)提供的有功功率如图 6-14(c)所示，孤岛模式的优化性能如图 6-14(d)所示。

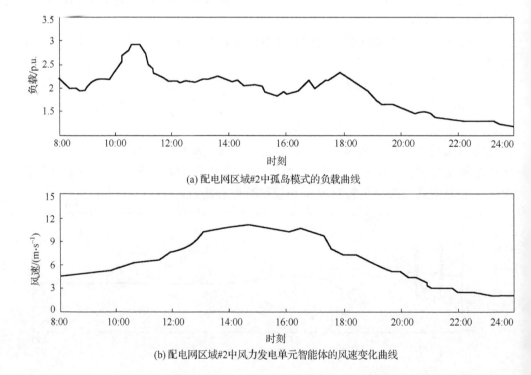

(a) 配电网区域#2中孤岛模式的负载曲线

(b) 配电网区域#2中风力发电单元智能体的风速变化曲线

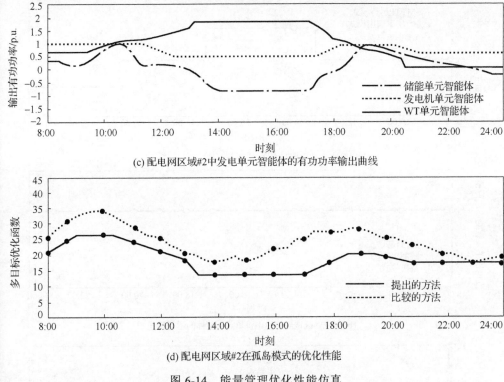

(c) 配电网区域#2中发电单元智能体的有功率输出曲线

(d) 配电网区域#2在孤岛模式的优化性能

图 6-14　能量管理优化性能仿真

　　三个发电单元智能体的运行模式如图 6-15 所示，由图 6-14(c)和图 6-15(a)可知，WT 机组由于风速较大，从 13:10 到 17:15 以恒定输出模式运行，由于风速较小，在 20:30 后停止运行，除上述时间外，WT 单元根据风速以 MPPT 模式运行。在整个仿真过程中，由于风速的变化，WT 单元的运行方式被切换了三次。此外，从图 6-14(c)和图 6-15(b)可以观察到，在所有的模拟时间内，发电单元始终处于运行模式，但其连续控制器调节的输出功率略有变化。然而，如图 6-14(c)和图 6-15(c)所示，储能单元中的电池组的运行模式被多次切换。在 8:01 前，电池组两次从充电模式切换到停止模式，再从停止模式切换到放电模式，原因是在孤岛初期，孤岛系统的电压和频率主要由蓄电池组的开关控制来维持，以维持供需平衡。在 8:01 后，储能单元中电池的运行模式被切换三次。从图 6-14(c)所示的功率分配中可知，由于启动过程中的效率低下，发电机单元的运行模式没有被切换，且可再生能源单元以 MPPT 模式运行，只有储能单元中电池的运行模式被频繁切换以维持供需之间的平衡，这表明能源管理策略可以获得最小成本效益。图 6-14(d)是所提出的方法与 Dou 等人[23]所提出的方法之间的优化性能的比较，可以看出，所提控制方法可以实现低成本运行。

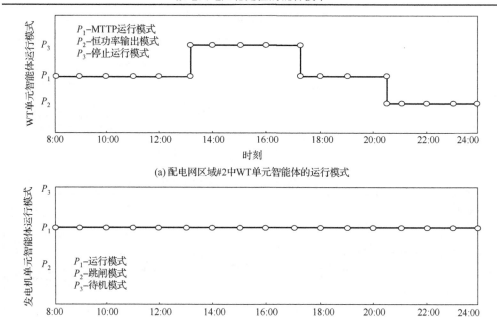

(a) 配电网区域#2中WT单元智能体的运行模式

(b) 配电网区域#2中发电机单元智能体的运行模式

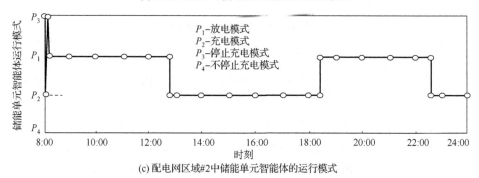

(c) 配电网区域#2中储能单元智能体的运行模式

图 6-15　三种发电单元智能体的运行模式

4）"即插即用"切投扰动下高穿透配电网的性能仿真

通过图 6-3 中区域#2 中 DER 单元的"即插即用"来研究高穿透配电网可扩展性。$t=10h$ 时将微型涡轮机发电单元智能体连接到节点 8 附近。

在"即插即用"切投扰动下高穿透配电网的性能仿真如图 6-16（a）和图 6-16（b）所示。可以看出，频率偏差保持在额定值的±1%范围内。此外，区域#2 中节点 5、节点 6、节点 7 和节点 8 电压均不小于标称值的 97%。结果表明，基于分级混合控制的 MAS 在插入 DER 单元智能体后，能快速调整电压和频率，使其恢复到正常水平。这也意味着基于控制的 MAS 可以实现 DER 的"即插即用"，具有较好的可扩展性。图 6-16（c）示出了 6.2 小节区域#2 中的所有 DER 的有功功率，它们为图 6-16(a) 中的负载供电。从图 6-16(c) 可以看出，可再生能源 WT 单元始终在 MPPT 模式下运行而无需切换，以保证最低运行成本；微型涡轮机和发电单元均在额定状态下运行，保证了运行的高效性，并且仅频繁切换储能单元中电池单元，以保持供需之间的电力平衡，这也表明 DER 之间的能源分配可以实现成本优化。

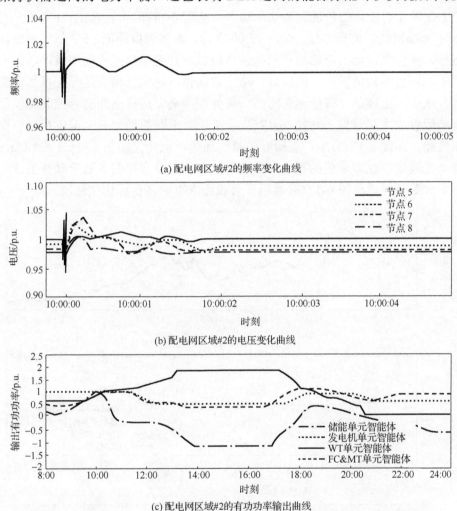

(a) 配电网区域#2的频率变化曲线

(b) 配电网区域#2的电压变化曲线

(c) 配电网区域#2的有功功率输出曲线

图 6-16　"即插即用"切投扰动下高渗透配电网区域#2 非计划孤岛的性能仿真

6.5.3　基于多智能体的智能微电网仿真实例与分析

对图 6-1 所示的智能微电网，使用单主机运行 (Single-Master Operation，SMO) 方法，其中储能单元中电池单元在 f-V 控制模式中充当"主-VSC"，且 FC&MT 中，PV 单元在 PQ 控制模式下是动态控制的。

1) 微电网负载跟随性能

在图 6-1 中，三个 DG 单元智能体为负载提供电源，如图 6-16(a)所示。所提出的混合控制下的负载跟随性能如图 6-16(b)和图 6-16(c)所示。

一天中从 8:00 到 24:00 的负载变化曲线如图 6-17(a)所示。图 6-17(b)模拟了三个 DG 单元智能体的最优有功功率输出。从图 6-17(b)可以看出，PV 单元智能体尽可能以 MPPT 模式运行，仅在 17:00 之后，光照强度降低，PV 单元智能体停止运行。在仿真时间内，储能单元智能体在放电和充电模式之间切换以匹配不平衡功率。在大多数情况下，FC&MT 单元智能体以低电压模式运行，以尽可能降低运行成本。上述单元智能体之间的功率分配表明，所提出的混合控制可以保证系统的运行成本尽可能小。图 6-17(c)模拟了微电网的最大安全电压和最小安全电压性能。在图 6-17(c)中，在所有模拟时间内，电压控制在 0.98p.u.～1.02p.u.，且波动值被限制在额定值的(±2)%范围内。它表明混合控制有助于保持更好的电压和负载跟随性能。图 6-17(d)显示了负载需求下的多目标优化性能。

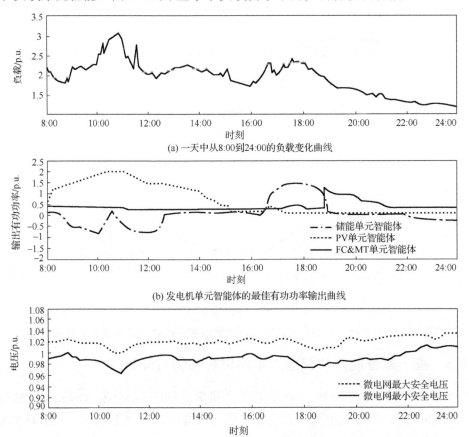

(a) 一天中从8:00到24:00的负载变化曲线

(b) 发电机单元智能体的最佳有功功率输出曲线

(c) 微电网的最大安全电压和最小安全电压曲线

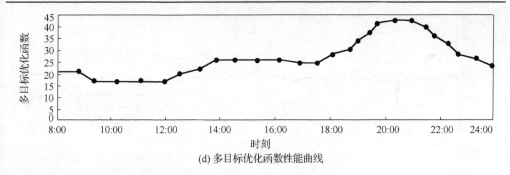

(d) 多目标优化函数性能曲线

图 6-17　微电网负载跟随性能

2) 在负载切投扰动下微电网的性能仿真

为验证自治微电网在较大负载切投扰动下的控制性能。对图 6-1 在负载切投扰动下微电网的性能仿真如图 6-18 所示，负载曲线如图 6-18(a) 所示，分布式发电单元智能体的最佳有功功率输出如图 6-18(b) 所示和电压响应图 6-18(c) 所示。当 $t=10h$ 时，暂态负载导致负载增加约 100%。此时，微电网电压降至 0.92p.u.。为了保持安全电压，中级协调控制智能体发送控制指令以使 FC&MT 单元智能体切换到额定运行状态，并将储能单元智能体切换至放电状态。当负载恢复正常状态时，FC&MT 智能体的运行状况与图 6-17 类似。

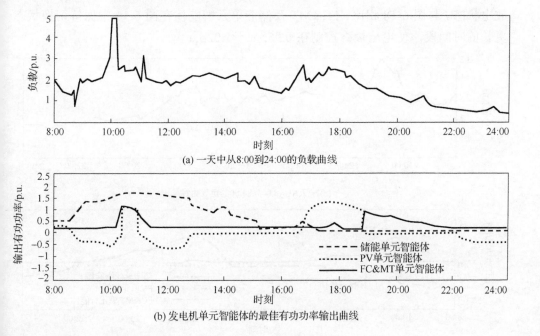

(a) 一天中从8:00到24:00的负载曲线

(b) 发电机单元智能体的最佳有功功率输出曲线

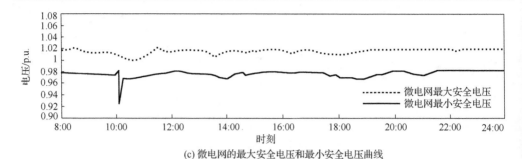

(c) 微电网的最大安全电压和最小安全电压曲线

图 6-18　负载切投扰动下微电网的性能仿真

3) 非计划孤岛下微电网的性能仿真

微电网可在并网和孤岛运行模式下运行，通常对于孤岛微电网的测试是对微电网最重要的测试。

为测试微电网在非计划孤岛的控制性能，在 $t=10h$，假设微电网与公共电网意外断开，故障下非计划孤岛微电网的性能如图 6-19 所示，一天中从 8:00 到 24:00 的负载曲线分如图 6-19(a) 所示，分布式发电单元智能体的最佳有功功率输出曲线如图 6-19(b) 所示，非计划孤岛情况下的电压响应如图 6-19(c) 所示。在微电网切换至孤岛运行模式时，电压下降到 0.91p.u.为了保持安全电压，中级协调控制智能体将 FC&MT 单元智能体切换至额定运行状态，并将储能单元智能体切换到放电状态。与图 6-18 相比，FC&MT 及储能单元智能体在图 6-19 中保持切换状态更长的时间段，使电压最终控制在 0.95p.u.～1.02p.u.。

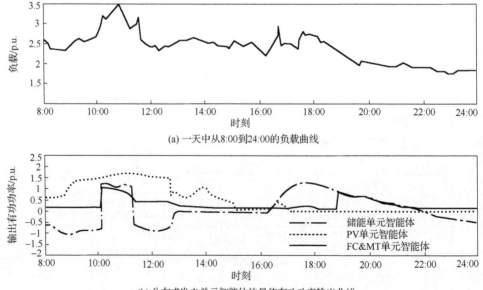

(a) 一天中从8:00到24:00的负载曲线

(b) 分布式发电单元智能体的最佳有功功率输出曲线

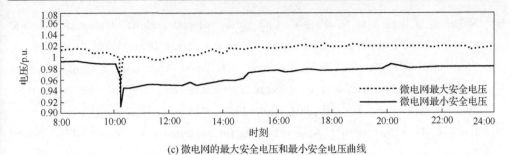

(c) 微电网的最大安全电压和最小安全电压曲线

图 6-19　非计划孤岛下微电网的性能仿真

6.6　本 章 小 结

　　本章主要为了提高配电网的动态稳定性、自愈性、安全性以及经济效益和环境效益，对高渗透配电网或智能微电网系统提出了一种基于分级混合控制的多智能体系统。在上级智能体中，建立能量管理模型和优化目标函数，设计并实现优化管理策略。此外，在中级智能体中，为了实现运行模式的协调切换控制，分别设计了运行模式的协调切换控制模型和协调切换控制策略。仿真结果表明，基于分级混合控制的多智能体系统在负荷变化和严重扰动下，通过实时切换运行模式，可以保持较好的安全性、稳定性和最小的运行成本，也可方便地扩展到任何类型的分布式资源电力系统的管理和控制中。

参 考 文 献

[1]　Yasser A R, Ehab E S F. Adaptive decentralized droop controller to preserve power sharing stability of paralleled inverters in distributed generation microgrids. IEEE Transactions on Power Electronics, 2008, 23(6): 2806-2816.

[2]　Barklund E, Pogaku N, Prodanovic M, et al. Energy management in autonomous microgrid using stability-constrained droop control of inverter. IEEE Transactions on Power Electronics, 2008, 23(5): 2346-2352.

[3]　Jiang Z H, Gao L J, Dougal R A. Flexible multiobjective control of power converter in active hybrid fuel cell/battery power sources. IEEE Transactions on Power Electronics, 2005, 20(1): 244-253.

[4]　Jiang Z H, Gao L J, Dougal R A. Adaptive control strategy for active power sharing in hybrid fuel cell/battery power sources. IEEE Transactions on Energy Conversion, 2007, 22(2): 507-515.

[5]　Nelson D B, Nehrir M N, Wang C. Unit sizing and cost analysis of stand-alone hybrid wind/PV/fuel cell power generation system. Renewable Energy, 2006, 31(10): 1641-1656.

[6]　Mcarthur S D J, Davidson E M, Catterson V M, et al. Multi-agent systems for power engineering applications, part I: concepts, approaches, and technical challenges. IEEE Transactions on Power Systems, 2007, 22(4): 1743-1752.

[7]　Liu C C, Bose A, Cardell J. Agent modeling for integrated power systems//Final Project Report, Power Systems Engineering Research Center, 2008.

[8]　Dimeas A L, Hatziargyrious N D. Agent based control for microgrids//The International Conference on Intelligent Systems Applications to Power Systems, Toki Messe, 2007.

[9]　Dimeas A L, Hatziargyrious N D. Operation of a multiagent system for microgrid control. IEEE Transactions on Power Systems, 2005, 20(3): 1447-1455.

[10]　Dou C X, Liu B. Hierarchical hybrid control for improving comprehensive performance in smart power system. International Journal of Electrical Power & Energy Systems, 2012, 43(1): 595-606.

[11]　Dou C X, Liu B. Transient control for microgrid with multiple distributed generations based on hybrid system theory. International Journal of Electrical Power & Energy Systems, 2012, 42(1): 408-417.

[12]　Dou C X, Liu D L, Jia X B, et al. Management and control for smart microgrid based on hybrid control theory. Electric Power Component and System, 2011, 39(8): 813-832.

[13]　Brabandere K D, Bolsens B, Keybus J V D, et al. A voltage and frequency droop control method for parallel inverters. IEEE Transactions on Power Electronics, 2007, 22(4): 1107-1115.

[14]　Vandoorn T L, De Kooning J D M, Meersman B, et al. Voltage-based control of a smart transformer in a microgrid. IEEE Transactions on Industrial Electronics, 2013, 60(4): 1291-1305.

[15]　Savaghebi M, Jalilian A, Vasquez J C, et al. Autonomous voltage unbalance compensation in an islanded droop-controlled microgrid. IEEE Transactions on Industrial Electronics, 2013, 60(4): 1390-1402.

[16]　Guerrero J M, Chandorkar M, Lee T L, et al. Advanced control architectures for intelligent microgrids, part I: decentralized and hierarchical control. IEEE Transactions on Industrial Electronics, 2012, 60(4): 1254-1262.

[17]　Paruchuri V K, Davari A, Feliachi A. Hybrid modeling of power system using hybrid Petri net//The 37th Southeastern Symposium on System Theory, Tuskegee, 2005.

[18]　Lu N, Chow J H, Desrochers A A. A multi-layer Petri net model for deregulated electric power

systems//The American Control Conference, Anchorage, 2002.

[19] Sun J, Qin S Y, Song Y H. Fault diagnosis of electric power systems based on fuzzy Petri nets. IEEE Transactions on Power Systems, 2004, 19(4): 2053-2059.

[20] Dou C X, Liu B, Guerrero J M. Event-triggered hybrid control based on multi-agent systems for microgrids. IET Generation, Transmission & Distribution, 2014, 8(12): 1987-1997.

[21] Dou C X, Liu B, Guerrero J M. MAS based event-triggered hybrid control for smart microgrids//The 39th Annual Conference of the IEEE Industrial Electronics Society, Vienna, 2013.

[22] Park J H, Rovoliotis S, Bodner D, et al. A colored Petri net-based approach to the design of 300mm wafer fab controller//The IEEE International Conference on Robotics and Automation, Seoul, 2001.

[23] Dou C X, Jia X B, Bo Z Q, et al. Optimal management of microgrid based on a modified particle swarm optimization algorithm//The Asia-Pacific Power and Energy Engineering Conference, Wuhan, 2011.

[24] Ye Y D, Zhang L, Jia L M. Research on agent-based G-net train group operation model//The World Congress on Intelligent Control and Automation, Hangzhou, 2004.

[25] Dou C X, Zhang X Z, Guo S L, et al. Delay-independent excitation control for uncertain large power systems using wide area measurement signals. International Journal of Electrical Power & Enery Systems, 32(3): 210-217.

[26] Dou C X, Duan Z S, Jia X B. Delay-dependent H1 robust control for large power systems based on two-level hierarchical decentralized coordinated control structure. International Journal of Systems Science, 2013, 44(2): 1-17.

第 7 章　微电网电压稳定性的综合应用实例

太阳能和风能都是绿色、无污染和可再生的自然能源，对生态破坏小，且环保效益和生态效益良好，对人类社会可持续发展具有重要意义，是未来重要的清洁能源。由于这两种能源取之不尽、用之不竭，对于缓解能源匮乏问题具有非常重要的意义。近些年来，随着我国对新能源的大力推广，太阳能和风能得到了更广泛的应用。本章主要介绍微电网电压稳定性在太阳能和风能发电的应用实例。

7.1　基于事件触发的光伏阵列最大功率点跟踪的双模控制

7.1.1　光伏发电及功率点跟踪策略简介

众所周知单个光伏电池板产生的电能量较小，为达到负载需求一般需要将多个光伏电池串并联构成一个有机整体，将其称为光伏组件，实际应用中根据需要将多个光伏组件并联组成光伏阵列，并经过电力电子转换装置为负载提供合适的电压和功率[1]。

光伏阵列在不同环境下会有两种运行模式：第一种模式，所有光伏电池处在同样强度的光照下（均匀光照）；第二种模式，光伏电池处于不同强度的光照下（局部阴影或某光伏电池损坏）。因为光伏阵列由光伏电池板串并联而成，在第一种模式下为提高光伏阵列转换效率常采用扰动观察法（Perturbation & Observation，P&O）、电导增量法（Incremental Conductance，IncCond）和恒定电压法（Constant Voltage Tracking，CVT）[2,3]等进行最大功率点跟踪（Maximum Power Point Tracking，MPPT）；第二种模式由于其光伏阵列的功率-电压输出特性呈现多峰值，使用第一种模式下的跟踪方法容易陷入局部功率峰值点，不能准确跟踪到全局最大功率点（Global Maximum Power Point，GMPP）。现阶段针对第二种模式的全局最大功率点跟踪（GMPPT）方法是粒子群优化算法（PSO）、人工智能算法，例如，人工神经网络（Artificial Neural Networks，ANN）和模糊逻辑控制器（Fuzzy Logic Controller，FLC）[4]。全局最大功率点跟踪方法针对第一种模式收敛速度过慢从而导致转换效率低下。

尽管对 MPPT 的研究方法日益增加，但系统如何在两种模式下均在功率最大点工作并未得到同样的关注。针对这一问题，本章提出一种基于事件触发的双模控制技术，即最大功率点跟踪算法跟随两种外部环境的变化而切换。第一种模式下采用扰动观察法，第二种模式下采用粒子群优化算法。

本节分析光伏阵列在两种模式下的输出特性，详细介绍旁路二极管在第二种模式中的作用；阐述跟踪 P&O 算法和 PSO 算法切换的具体过程。在 MATLAB 中进行仿真实验并与 P&O 算法在两种模式下的跟踪效果进行了对比，仿真结果表明所提方法可以解决模式切换带来的问题，具有低振荡、收敛速度快和高效的特点。

7.1.2　双模系统模型

1) 事件触发控制

事件作为系统内部或外部一个所要关注的事情，它代表一个发生过或即将发生的问题、阈值、偏差等[5]。根据上述定义，本节将事件触发运用到最大功率点跟踪策略的切换中。检测并联在光伏阵列的旁路二极管上的电流作为一个事件，将其作为触发信号，对最大功率点跟踪策略发出切换命令。双模控制系统结构图如图 7-1所示。

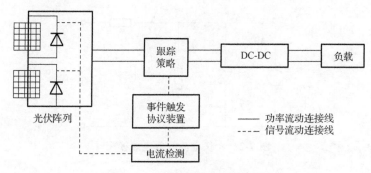

图 7-1　双模控制系统结构图

2) 事件触发协议设计

本节所提的双模控制需要两种跟踪策略切换，基于策略切换对触发协议进行设计。I_{VD} 为旁路二极管电流，当光伏阵列处在第一种模式(均匀光照强度)下时，旁路二极管关断，无电流经过，即 I_{VD} 为零，系统根据驱动协议选择扰动观察法对最大功率点进行跟踪；当光伏阵列处在第二种模式(非均匀光照强度)下时，旁路二极管为避免光斑现象而导通，此 I_{VD} 大于零，此时系统根据驱动协议选择粒子群优化算法进行全局最大功率点跟踪。由于跟踪过程中会产生振荡，为避免误触发，设置阈值 I_{ref} 为 0.005。当 $I_{VD} > I_{ref}$ 或 $I_{VD} < I_{ref}$ 时，系统跟踪策略进行切换。

7.1.3　光伏阵列输出特性

1）单个光伏电池输出特性

根据王云平等人[1]和 Guichi 等人[4]研究的单个光伏电池的等效电路模型如图 7-2 所示，I_{Ph} 为光生电流，I_{VD} 为二极管饱和电流，R_S 为光伏电池的等效串联电阻，R_{Sh} 为光伏电池的等效并联电阻。在相同温度条件下即为 25℃，不同光照强度下的光伏电池 $I\text{-}V$ 和 $P\text{-}V$ 输出特性如图 7-3 所示，可以看出随着光照强度的增大，光生电流和功率也随之增大。

根据图 7-3 可以看出在最大功率的左侧，光伏电池近似于恒流输出；相反在最大功率的右侧光伏电池近似于恒压输出[6]。在实际应用中，厂家直接给出标准测试条件下的光伏组件的短路电流 I_{sc}、开路电压 V_{oc}、最大功率点的电流 I_m 和电压 V_m，电流和电压之间关系为[7,8]

$$I = I_{SC}[1 - C_1(e^{(V/(C_2 V_{OC}))} - 1)] \tag{7-1}$$

其中

$$C_1 = (1 - (I_m / I_{SC}))e^{(V/(C_2 V_{OC}))} \tag{7-2}$$

$$C_2 = ((V_m / V_{OC}) - 1) / (\ln(1 - (I_m / I_{SC}))) \tag{7-3}$$

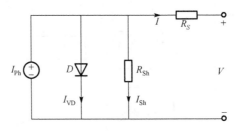

图 7-2　光伏电池等效电路模型

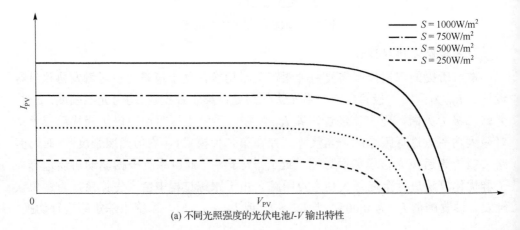

(a) 不同光照强度的光伏电池 $I\text{-}V$ 输出特性

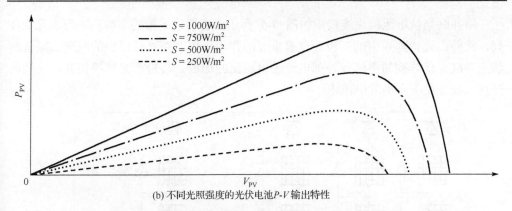

(b) 不同光照强度的光伏电池 $P\text{-}V$ 输出特性

图 7-3　不同光照强度的光伏电池 $I\text{-}V$ 和 $P\text{-}V$ 输出特性

2）串并联光伏阵列建模

光伏电池串并联模型如图 7-4 所示。具有适当参数的特定光伏电池板，将式(7-3)变换为

$$I_{\mathrm{arr}} = I_{\mathrm{SC}} N_P [1 - C_1 (\mathrm{e}^{((V_{\mathrm{arr}}/N_S)/(C_2 V_{\mathrm{OC}}))} - 1)] \tag{7-4}$$

其中，N_S 为串联模块的数量；N_P 为并联模块的数量。

为了满足负载所需的光伏功率，光伏电池模块可以通过串联连接以形成串式阵列，此时光伏阵列的开路电压 $V_{\mathrm{OCarr}} = N_S \times V_{\mathrm{OC}}$。将光伏模块串联和并联连接以形成光伏阵列，因此，开路电压如前所述计算，而短路电流等于 $I_{\mathrm{SCarr}} = N_P \times V_{\mathrm{SC}}$，$I_{\mathrm{SCarr}}$ 为光伏阵列的短路电流。

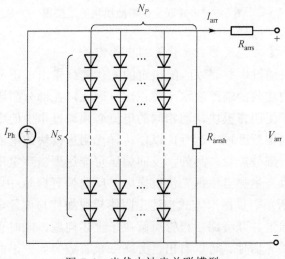

图 7-4　光伏电池串并联模型

　　串并联光伏电池模块连接图如图 7-5 所示，它们以平行的串排列以形成光伏阵列。此外，光伏阵列中的二极管有着重要的作用，串联在光伏模块的阻塞二极管是防止并联光伏阵列的电流或外部电流的电流流回面板。与每个光伏模块并联连接的旁路二极管在下一小节中详述。

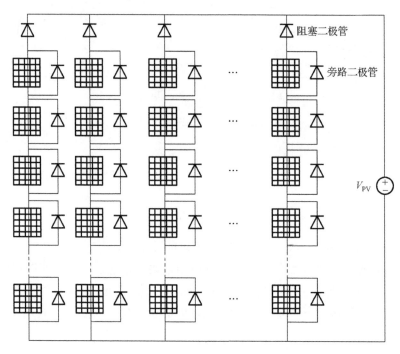

图 7-5　串并联光伏电池模块的连接图

3) 局部阴影下旁路二极管在光伏阵列中的作用

　　光伏电池模块通过串并联以匹配指定的光伏阵列输出电压和功率。这些模块产生的电流与它们接收的辐照度水平成正比。因此，在部分阴影条件下，阴影模块产生的电流小于无阴影模块，而相同的电流必须流过串中的串联模块。结果，阴影模块将在反向偏置区域中运行，以便传导无阴影模块的电流，这将损失由无阴影模块产生的一部分能量。另外，反向偏压可能达到击穿电压，这导致电池的热击穿，并会导致产生热点使得光伏板损坏。反向偏置区域中 PV 模块的 I-V 输出曲线如图 7-6 所示，以图形方式描述出阴影模块如何与偏置电压一起工作以使串联电流流动。通过并联旁路二极管可解决了上述问题，同时也防止反向偏置电压达到击穿电压损坏器件。可以看出，旁路二极管成为同一串的无阴影模块产生的过电流的第二条路径[9]。

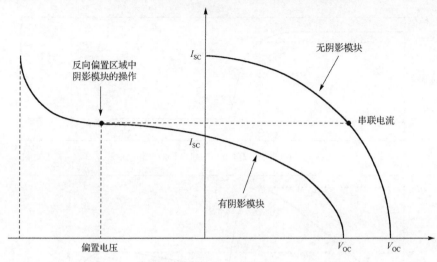

图 7-6　反向偏置区域中 PV 模块的 I-V 输出曲线

4) 局部阴影下光伏阵列的输出特性

为了探索局部阴影对光伏阵列的影响，光伏阵列的输出特性如图 7-7 所示。两个光伏阵列串联结构图如图 7-7(a) 所示，其中 PV1 完全被照亮，而 PV2 被部分遮蔽，PV1 和 PV2 均工作在温度为 25℃ 的条件下。局部阴影下光伏阵列的各支路 I-V 输出曲线如图 7-7(b) 所示、干路 I-V 输出曲线如图 7-7(c) 所示、P-V 输出曲线如图 7-7(d) 所示。工作过程的各模块的部分阴影光伏阵列的电流路径如表 7-1 所示。

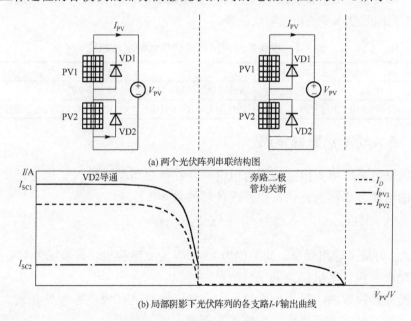

(a) 两个光伏阵列串联结构图

(b) 局部阴影下光伏阵列的各支路 I-V 输出曲线

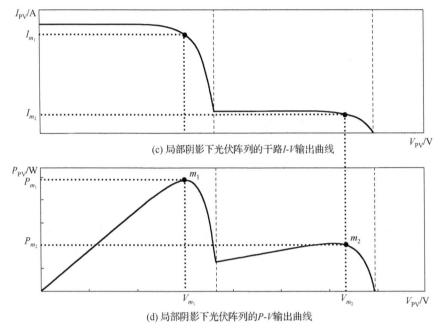

(c) 局部阴影下光伏阵列的干路I-V输出曲线

(d) 局部阴影下光伏阵列的P-V输出曲线

图 7-7　光伏阵列的输出特性

由图 7-7 和表 7-1 可知，当旁路二极管导通时，处在阴影下的光伏阵列模块被旁路，此时整体输出特性与处在均匀光照的光伏阵列模块输出特性一致，整个串联光伏组件的阵列因局部阴影的影响输出特性呈现两个阶段特性，两个局部最大值对应于具有不同辐照度水平的串联模块数量。

表 7-1　模块的部分阴影光伏阵列的电流路径

电压范围	电流值	能量来源	电流路径
$2V_{OC}\sim V_{OC}$	IPV2	PV2	旁路二极管关断，IPV2 流经 PV1 和 PV2
$V_{OC}\sim 0$	IPV1+IPV2	PV1 和 PV2	VD2 导通，IPV1 只流经 PV1（IPV1～IPV2）的电流流经 VD2

7.1.4　最大功率点跟踪策略

光伏发电系统将太阳能转换为电能时存在转换效率，输入光能与光伏发电系统产生的电能之比称为光伏发电系统的转换效率[10]，即

$$\eta = \frac{P_{\max}}{S \times A} \times 100\% \tag{7-5}$$

其中，$P_{\max}$ 为最大输出功率，其单位为 kW；S 为光照强度，其单位为 kW·m^{-2}，A 为光伏受光面积，其单位为 m^2。

为提高转换效率，最大限度地利用光能必须使光伏发电系统处在最大功率点运行，此时，最大功率点跟踪策略尤为重要。

1)第一种模式下最大功率点跟踪

当发电系统处于第一种模式下，由于光照强度均匀，发电系统的功率电压特性曲线只有一个最大功率点呈现单峰值。针对这一模式常见的最大功率点跟踪方法有 P&O、CVT、INC 以及 FLC 等[10]。各 MPPT 算法的优缺点如表 7-2 所示。基于算法简单易于实现、良好的动态性能和稳态性能，第一种模式下采用 P&O 对最大功率点进行跟踪。

表 7-2 各 MPPT 算法优缺点

MPPT 算法	优点	缺点
P&O	算法简单容易实现，具有良好的动态性能	在最大功率点容易产生轻微振荡
CVT	控制简单易于实现，稳态性能好，可靠性高	跟踪精度差，外部环境变化容易产生较大误差
INC	良好的稳态性能，控制效果好	控制算法复杂，对硬件精度要求高
FLC	响应速度快，稳态性能好，几乎无振荡	模糊规则及隶属度函数依赖经验

2)基于 P&O 的 MPPT 技术

P&O 根据功率电压的输出特性曲线，对光伏系统的电压进行扰动，比较前后两时刻的功率，使查找方向向最大功率点方向移动。通过设置开关元件的占空比 D，从而调节光伏阵列的电压值。扰动法控制原理如图 7-8 所示。

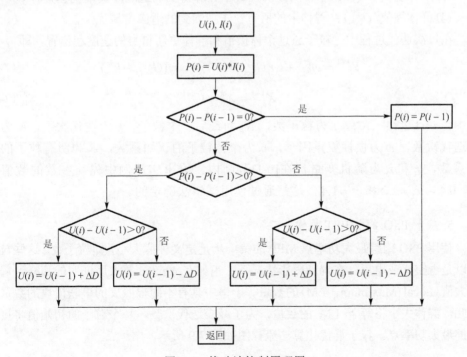

图 7-8 扰动法控制原理图

3) 第二种模式下全局最大功率点跟踪

当发电系统处于第二种模式下，由于光照强度不均匀，并联在低光照强度光伏模块的旁路二极管有电流路过，此时会出现多个局部最大功率点，呈现多峰值。由于传统的最大功率点跟踪算法无法应对非均匀光照强度并达到全局最大功率点，Elobaid 等人提出 FLC 和 ANN 可以对全局最大功率点进行跟踪，但控制算法需要依赖设计人员经验[11]。Ishaque 和 Salam 提出在局部阴影条件下，基于 PSO 更适合定位全局最大功率点在局部阴影条件下达到全局最大功率点，采用 PSO 具有算法简单、易于实现和效率高等优点[12]。

4) PSO 概述

PSO 是一种智能的搜索策略，它有一群称为粒子的候选解决方案。每个粒子在优化问题的搜索空间中具有一个位置，并且通过传递所有粒子的连续迭代之后的数据，使它们朝向最佳解决方案前进。

每个粒子群都有以下参数[12]。

(1) 位置 (X_i)：粒子的实际位置。

(2) 速度 (V_i)：它描述了粒子在方向和距离方面的运动。

(3) 个体极值 (P_{best})：个体所经历位置中计算得到的适应度值最优位置。

(4) 群体极值 (G_{best})：群体中的所有粒子搜索到的适应度最优位置。

在每次迭代过程中，粒子通过个体极值和群体更新自身的速度和位置，即

$$V_i^{k+1} = \omega V_i^k + c_1 r_1 (P_{best,i} - V_i^k) + c_2 r_2 (G_{best,i} - V_i^k) \tag{7-6}$$

$$X_i^{k+1} = X_i^k + V_i^{k+1} \tag{7-7}$$

其中，$i = 1, 2, 3, \cdots, N_P$，i 为粒子数，N_P 为最后一个粒子，k 为迭代次数，N 为最大迭代次数，ω 为惯性权重因子，c_1 为个体粒子的认知系数，c_2 为所有粒子的社会系数，r_1 和 r_2 为随机变量，在[0,1]范围内。给出实施例中先前参数的数值：$\omega = 0.4$，$c_1 = 1.2$ 和 $c_2 = 1.4$，这是通过使用试错法确定的。

5) 基于 PSO 的 MPPT 技术

使用 PSO 跟踪最大功率点 MPP 的第一步是定义种群大小，即粒子数。这些粒子可以是占空比或电压。在局部阴影情况下，正如在 Ahmad 等人所证明的那样，局部最大值(Local Maximum，LM)的数量等于串中具有不同辐照度的串联模块的数量。因此，群体大小将等于 LM 的数量，为了减少迭代次数，每个粒子的初始值将接近局部最大功率点。粒子群优化算法流程图如图 7-9 所示。

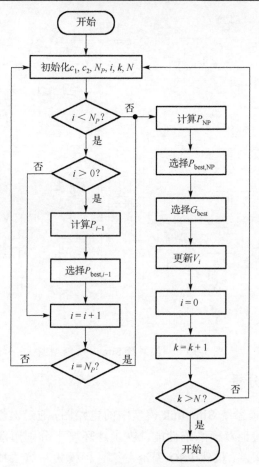

图 7-9　粒子群优化算法流程图

7.1.5　双模系统在 MATLAB 的仿真

将光伏阵列置于温度为 25℃ 的条件下，各光伏模块的光照强度如表 7-3 所示，可以看出在 0.2s 之前系统处于第一种模式，0.2s 时处于第二种模式，0.6s 时又处于第一种模式，每个模式工作很短，这样设计的目的是更好地观察系统的响应速度和稳定性。双模系统 Simulink 模型图如图 7-10 所示，模型主要有光伏阵列模块、POS 算法和 P&O 算法模块、切换模块、显示模块和 DC-DC 转换模块。

表 7-3　各光伏模块的光照强度

光伏模块	0～0.2s 光照强度（W/m^2）	0.2～0.6s 光照强度（W/m^2）	0.6～1s 光照强度（W/m^2）
PV1	1000	1000	1000
PV2	1000	200	1000
PV3	1000	100	1000

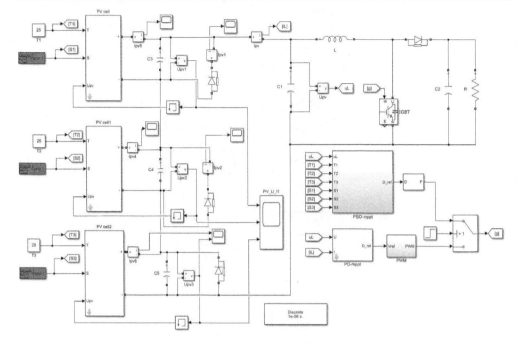

图 7-10　双模系统 Simulink 模型图

7.1.6　仿真结果分析

　　基于图 7-10 双模系统 Simulink 模型中的电路图,通过对组合 P&O 与 PSO 进行了实验验证。为验证双模系统性能,在上述环境下分别用双模算法和扰动算法进行最大功率点的跟踪。虽然 PSO 无论在第一种模式和第二种模式下都具有良好的稳态性能,也可以跟踪到最大功率点,但在第一种模式下跟踪效率低下,故只对双模算法和扰动算法进行比较。双模算法和扰动算法的仿真波形如图 7-11 所示。

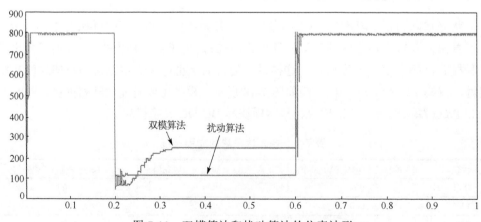

图 7-11　双模算法和扰动算法的仿真波形

可以看出,在第一种模式下均采用 P&O 进行最大功率点进行跟踪,约在 0.05s 到达最大功率点没有较大差别。0.2s 时进入第二种模式,由于旁路二极管分流会导致有 3 个局部最大功率点,双模系统接收到旁路电流触发信号时,由 P&O 切换至 PSO 进行全局最大功率点跟踪,从图中可以看出在经过 0.12s 跟踪到全局最大功率点 255W;而 P&O 陷入局部最大功率点 150W,第二模式下双模算法的转换效率是扰动算法的 1.7 倍。0.6s 时进入第一种模式,双模系统接收不到旁路电流触发信号时,由 PSO 切换至 P&O 进行最大功率点跟踪,因为均采用 P&O,在进入第一种模式 0.2s 后到达最大功率点。

7.2　应用 Stateflow 技术的风电机组主控系统仿真

7.2.1　风力发电面临的问题

随着风力发电技术逐渐变得成熟,风电机组单机容量也正朝着大功率等级发展。目前,已出现单机容量为 3MW 左右的风电机组,并得到广泛使用[14]。由于风力发电受所处环境影响较大,其输出功率随温度、风速、季节等自然条件变化而变化,因此,如何充分利用风能以及保障风电机组与系统间的稳定运行是风力发电中需解决的重要问题。其中,风电机组主控系统是解决风力发电稳定运行的重要环节,也是风力发电系统的核心部件。风电机组主控系统常采用可编程控制器,但对于大规模、逻辑控制关系复杂的控制系统而言,该方法编程难度大,准确性不高,难以满足控制系统的安全性要求。本节将 Stateflow 模块化应用到风电机组控制系统设计中,通过将状态对象和事件结合,来实现风电机组主控系统在不同状态下的转换。

7.2.2　风电机组控制系统结构及其控制策略

风电机组控制系统包括:人机界面、主控系统、交流控制系统、变桨距控制系统、偏航控制系统等,具体风电机组控制系统结构图如图 7-12 所示。主控系统可以连接到每个子控制系统,并对其进行调节,相当于整个系统的"大脑"。通过人机界面可以监控系统关键设备的运行状态,该状态经过信息处理后,送至主控系统。当风电机组出现故障时,主控系统下发控制指令,送至底层,底层的各种控制系统接受操作指令,进而完成主控系统对风电机组的控制,然后将其状态和数据反馈给人机交互界面。最后,将控制过程经过光纤、以太网等通信介质完成[15]。

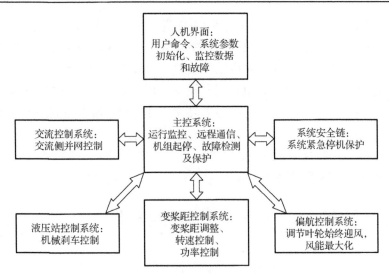

图 7-12　风电机组控制系统结构图

风电机组中的风力发电机组是将风能转化为电能的设备，即利用风力带动风机叶片旋转，将风能转换为轮毂上的机械能，再通过齿轮箱增速驱动发电机，将机械能转化为电能，从而实现风力发电。

一般风力发电机的数学模型[16]为

$$
\begin{cases}
c_p(\lambda,\beta) = c_1\left(c_2\dfrac{1}{\lambda_i} - c_3\beta - \dfrac{c_4}{\lambda}\right)e^{\frac{-c_5}{\lambda_i}} + c_6\lambda \\[3mm]
P_\omega = \dfrac{1}{2}\rho c_p(\lambda,\beta)A_R v^3 \\[3mm]
\lambda_i = \dfrac{1}{\dfrac{1}{\lambda+0.08\beta} - \dfrac{0.035}{1+\beta^3}}
\end{cases}
\tag{7-8}
$$

其中，P_ω 为风轮捕获的风能；ρ 为空气密度；A_R 为风轮扫过的面积；v 为风速；λ 为叶尖速比；β 为叶片桨距角；c_p 为风机转换效率系数；$c_1 \sim c_6$ 为不同类型风力发电机的使用系数；λ_i 为过程变量。

由式(7-8)可知，当风速 v 保持在一定值时，风轮捕获的风能 P_ω 的大小取决于风机转换效率系数 c_p。而 c_p 为包含叶片桨距角 β 的非线性函数，故可以通过控制风力机叶片的桨距角 β 来实现输出功率的恒定[17,18]。

根据风速和发电机转速的不同，风力发电机组从待机到发电的过程经过若干区域。通常可将机组最佳运行状态分为待机区、启动区、转速恒定区以及切出区[19]。

由于各区域的作用不同，因此各区域的控制策略也不同。下面将分别介绍风电机组不同区域的最佳运行状态，并对其控制策略予以说明。

(1)待机区。此区域内，控制系统的监测部分和执行部分均正常工作，且保证所有监测信号和执行信号均处于正常状态。

(2)启动区。当风速达到切入风速时，风电机组开始起动。此时，风电机组的主控系统策略是通过改变轮毂叶片的叶尖速比，使风电机组运行在最大的风机转换效率系数 c_p 处，以实现捕获最大风能。

(3)转速恒定区。随着风速的增大，机械转矩也不断增大，使发电机转速达到最大值，并保持该状态。当风速继续增大时，机组的输出功率因为发电机转速的增大而增加。此时，为了风电机组的稳定运行，系统通过控制变桨距，实现输出功率的恒定。

(4)切出保护区。当风速继续增大，超过切出风速时，从风电机组稳定安全运行的角度出发，主控系统将通过相应系统的调节，将风力发电机组切出电网，从而实现安全停机。

以上不同区域运行状态的数学表达式为

$$P(v) = \begin{cases} 0, & v < v_{\text{cut\_in}} \\ P_r \dfrac{v - v_{\text{cut\_in}}}{v_r - v_{\text{cut\_in}}}, & v_{\text{cut\_in}} \leqslant v < v_r \\ P_r, & v_r \leqslant v < v_{\text{cut\_off}} \\ 0, & v \geqslant v_{\text{cut\_off}} \end{cases} \tag{7-9}$$

其中，P 为风电机组的输出功率；P_r 为风电机组的额定功率；$v_{\text{cut\_in}}$、$v_{\text{cut\_off}}$ 分别为切入风速与切出风速；v_r 为额定风速。

7.2.3　Stateflow 仿真设计与分析

1)Stateflow 仿真设计

在风电机组主控系统的设计上，大部分厂家采用 PLC 编程。对于大规模、控制逻辑关系复杂的控制系统而言，PLC 编程的工作量太大。因此，本节采用 MATLAB/Simulink 中的 Stateflow 图形化设计工具来构建风电机组主控系统。Stateflow 是基于有限状态机理论的仿真环境，可通过状态流程和事件触发来实现对事件系统的仿真[20]。

Stateflow 的基本结构如图 7-13 所示。Stateflow 中包括状态对象(state)、变迁(transition)、事件(event)等[21-24]。系统的不同状态对象在 Stateflow 中用圆角矩形表示。状态对象的转移是由事件来驱动。Stateflow 可自主判断事件是否被触发，从而实现状态对象间的转换。当状态对象采集的数据达到事件触发的要求时，事件被触发，该状态被激活，即实现状态对象间的转换（如图 7-13 所示的逻辑信号线）。整个状态转换的仿真过程可以直观地通过 Stateflow 中的 Chart 模块观察。当仿真出现错误时，可以直观地进行调试。

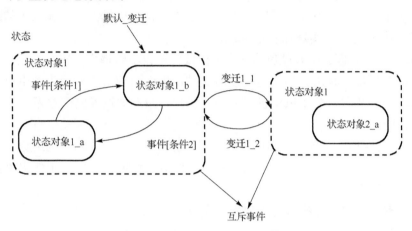

图 7-13　Stateflow 的基本结构图

本节将风力发电机组设置为 4 种状态对象，分别为待机(hold)、暂停(stop)、运行(working)、急停(parking)。风电机组主控系统的运行状态图如图 7-14 所示。

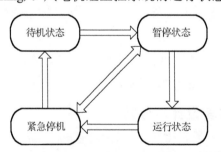

图 7-14　风电机组主控系统的运行状态图

图 7-14 中，实现各状态对象间转换的事件因素为风速和发电机转速。因此定义风速 v 事件的条件为

$$v - v_{\text{cut\_in}} < 0 \tag{7-10}$$

$$\begin{cases} v - v_{\text{cut\_in}} \geq 0 \\ v - v_r < 0 \end{cases} \tag{7-11}$$

$$\begin{cases} v - v_r \geqslant 0 \\ v - v_{\text{cut\_off}} < 0 \end{cases} \tag{7-12}$$

$$v - v_{\text{cut\_off}} \geqslant 0 \tag{7-13}$$

其中，在式 (7-10)～式 (7-13) 中，切入风速 $v_{\text{cut\_in}}$ 为 5m·s^{-1}；额定风速 v_r 为 15m·s^{-1}；切出风速 $v_{\text{cut\_off}}$ 为 20m·s^{-1}。

发电机转速 v' 事件的条件为

$$v' - v'_{\text{cut\_in}} \geqslant 0 \tag{7-14}$$

其中，发电机切入转速 $v'_{\text{cut\_in}}$ 为 1500r·min^{-1}；当风速达到切出风速时，由于受到机械强度、设计等条件的约束，主控系统会自动切出风力发电机，故未设置发电机的切出转速。

2) 仿真分析

根据以上分析，构建的风电机组主控系统仿真模型如图 7-15 所示。

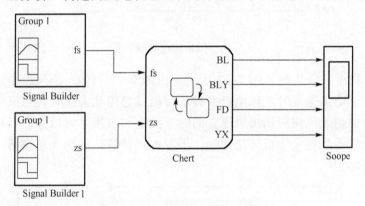

图 7-15　风电机组主控系统仿真模型

仿真模型的参数设置如下。

(1) 输入信号。风速 v 的最大值为 25m·s^{-1}，最小值为 0m·s^{-1}；发电机转速 v' 的最大值 3500r·min^{-1}，最小值为 0r·min^{-1}。

(2) 输出信号。模型的输出信号为风电机组的状态、风速与机组并联情况、风速与机组运行情况、风电机组输出功率情况。

(3) 仿真时间。仿真时间设置为 10s。

风电机组的状态图如图 7-16 所示。由图 7-16 可知，在 2.6s 之前，风电机组默认处于待机状态，输出其运行状态值为 0；在 2.6s 时，风速大于切入风速，风速切入事件被触发，但由于发电机转速事件未触发，故此时风电机组由待机状态转为暂停状态，输出其运行状态为 1；由于风速继续增大，轮毂上的机械转矩不断增加，同时带动发电机的转速也逐渐增加，在 3.6s 时，发电机的转速达到其切入转速，该事件被触发，风电机组由暂停状态转为工作运行状态，输出其运行状态值为 2；发电机转速随着风速的增大而增加，为了发电机组的安全运行，当风速切出事件被触发时，系统自动切出，发电机组由工作运行状态转为急停状态，在 5.8s 时，输出其运行状态值为 3。

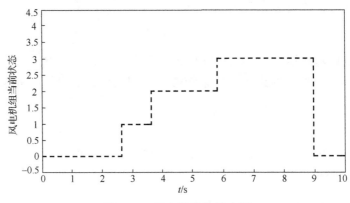

图 7-16　风电机组的状态图

风速与机组并联情况如图 7-17 所示。由图 7-17 可知，当风速小于切入速度或者风速大于切出速度时，风电机组处于待机或急停状态；只有当风电机组的风速介于风速的切入风速和切出风速之间时，风速与机组才可以并联，通过风能带动风机叶片转动，使发电机转速增加；当发电机转速达到切入转速后，风电机组开始输出功率。

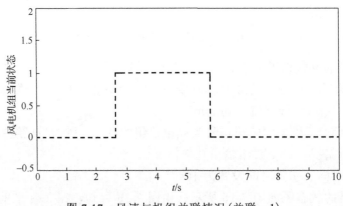

图 7-17　风速与机组并联情况(并联：1)

风电机组风速与机组运行情况如图 7-18 所示。由图 7-18 可知，当风速小于切入风速时,风电机组处于待机状态;当发电机转速达到切入转速且风速小于切出风速时,风电机组运转,系统开始对外输出功率;当风速大于切出风速时,在系统保护机制的作用下,风电机组进入急停状态,但风电机组在进入急停状态时,发电机不能立即实现停转,所以在风速达到切出速度后,风电机组的风速与机组运行有部分时间的延迟。

风电机组发电状况如图 7-19 所示。由图 7-19 可知,只有当风速和发电机转速均在适合区域时,风电机组才能发电输出功率。

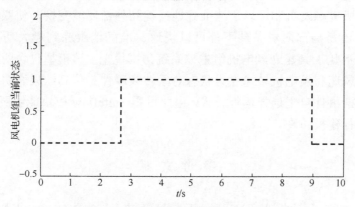

图 7-18 风速与机组运行情况(运行:1)

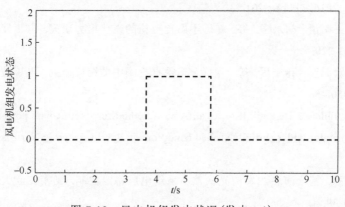

图 7-19 风电机组发电状况(发电:1)

由图 7-16～图 7-19 可知风电机组各运行状态之间的关系。相对于人工编程为主的 PLC 控制系统,运用 Stateflow 图形化工具来建模仿真更加直观、简便。

7.3 本 章 小 结

本章首先利用基于 MATLAB/Simulink 仿真平台,对光伏发电系统进行了建模，由于光伏阵列工作环境多变，尤其在光照强度方面，均匀光照强度下 *P-V* 特性曲线呈现单峰值而非均匀光照强度呈现多峰值。常规的 MPPT 方法难以准确跟踪到全局最大功率点，而针对多峰值的跟踪方法在均匀光照强度下跟踪效率低下；分析了两种模式下并联在光伏阵列旁路二极管的工作特点，指出每个模式下旁路二极管是否有电流流过，基于该特点提出事件触发的光伏阵列最大功率跟踪的双模控制，在不同的模式下切换对应的最大功率点跟踪方法，使系统在跟踪最大功率点兼顾快速性和准确性。为验证双模算法有效性、可靠性与其他算法对比，实验结果表明所提触发机制可以迅速准确地捕捉到外部环境变换，使双模系统无论在均匀光照还是局部阴影条件下都可以快速、准确地跟踪到最大功率点。运用 Stateflow 图形化工具建立风电机组主控系统仿真模型。该模型包含四种简单的状态对象，将风速和发电机转速作为状态对象转换事件。仿真结果表明风电机组主控系统可根据事件自主选择运行方式，由此可得 Stateflow 模块能够更简便、快捷地对系统进行建模仿真。

参 考 文 献

[1] 王云平, 李颖, 阮新波. 基于局部阴影下光伏阵列电流特性的最大功率点跟踪算法. 电工技术学报, 2016, 31(14): 201-210.

[2] 赵书强, 王明雨, 胡永强, 等. 基于不确定理论的光伏出力研究. 电工技术学报, 2015, 30(16): 13-220.

[3] 李建林, 籍天明, 孔令达, 等. 光伏发电数据挖掘中的跨度研究. 电工技术学报, 2015, 30(14): 450-456.

[4] Guichi A, Talha A, Berkouk E M, et al. A new method for intermediate power point tracking for PV generator under partially shaded conditions in hybrid system. Solar Energy, 2018, 170: 974-987.

[5] 李俊, 刘斌. 基于事件触发的光伏发电系统电压稳定控制. 湖南工业大学学报, 2018, 32(4): 33-39.

[6] 李俊. 基于事件触发的微电网电压稳定控制. 株洲: 湖南工业大学, 2019.

[7] Masoum M A S, Dehbonei H, Fuchs E F. Theoretical and experimental analyses of photovoltaic systems with voltage and current-based maximum power-point tracking. IEEE Transactions on Energy Conversion, 2002, 17(4): 514-522.

[8] 苏建徽, 余世杰, 赵为, 等. 硅太阳电池工程用数学模型. 太阳能学报, 2005, 20(5): 409-412.

[9] Ahmad R, Murtaza A F, Ahmed S H, et al. An analytical approach to study partial shading

effects on PV array supported by literature. Renewable and Sustainable Energy Reviews, 2017, 74: 721-732.

[10] 常达. 局部阴影下光伏阵列输出特性及最大功率追踪的研究. 北京: 华北电力大学, 2010.

[11] Elobaid L M, Abdelsalam A K ,Zakzouk E E, et al. Artificial neural network-based photovoltaic maximum power point tracking techniques: a survey. IET Renewable Power Generation, 2015, 9(8): 1043-1063.

[12] Ishaque K, Salam Z. A review of maximum power point tracking techniques of PV system for uniform insolation and partial shading condition. Renewable and Sustainable Energy Reviews, 2013, 19: 475-488.

[13] 郁磊, 史峰, 王辉, 等. MATLAB 智能算法 30 个案例分析. 北京: 北京航空航天大学出版社, 2011.

[14] 张伟波, 潘宇超, 崔志强, 等. 我国新能源发电发展思路探析. 中国能源, 2012, 34(4): 26-28,41.

[15] 薛蕾. 风电机组控制系统概述. 机电信息, 2012, (18): 20-21.

[16] 刘志勇. 微电网建模仿真研究及平台开发. 长沙: 湖南大学, 2010.

[17] 胡文. 双馈风力发电机系统及并网研究. 株洲: 湖南工业大学, 2013.

[18] 郭百顺, 秦斌, 邵军, 等. 风电机组独立变桨距控制策略研究. 湖南工业大学学报, 2014, 28(2): 42-45.

[19] 徐健. 大型风电机组控制策略研究. 沈阳: 沈阳工业大学, 2011.

[20] 赵仁德, 王永军, 张加胜. 直驱式永磁同步风力发电系统最大功率追踪控制. 中国电机工程学报, 2009, 29(27): 106-111.

[21] 施嵘. Simulink/Stateflow 仿真原理和实现的研究. 成都: 电子科技大学, 2011.

[22] 王明东, 贾德峰, 吕蒙琦. 基于 Stateflow 的风电机组主控系统设计与仿真. 郑州大学学报(工学版), 2011, 32(2): 114-116.

[23] 邹晖, 陈万春, 殷兴良. Stateflow 在巡航导弹仿真中的应用. 系统仿真学报, 2004, 16(8): 1854-1856,1860.

[24] 潘虎. Simulink/Stateflow 组态开发和仿真原理的分析与研究. 成都: 电子科技大学, 2011.